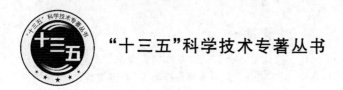

"十三五"科学技术专著丛书

# 5G 关键技术及网络部署

杨燕玲 李 华 编著

U0282369

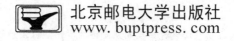 北京邮电大学出版社
www.buptpress.com

# 内 容 简 介

本书全面系统地介绍 5G 关键技术，从 5G 的需求和驱动力的角度介绍了 5G 的标准化进程，阐述了 5G 的空口关键技术和网络架构，并结合实际网络建设提出 5G 频谱策略、网络演进策略以及典型的部署场景和部署方案，且综合考虑了在与异系统网络的协作与融合情况下 5G 技术应用的方案。希望通过本书的论述，可以使读者更好地理解 5G 关键技术在实际网络的应用，适应未来 5G 网络建设，实现 4G 到 5G 的平滑升级。本书立足于通信从业人员，适合通信设备制造商、手机制造商、网络运营商、科研人员、高校教师、本科生和研究生等参考阅读。

**图书在版编目(CIP)数据**

5G 关键技术及网络部署 / 杨燕玲，李华编著. - - 北京：北京邮电大学出版社，2019.8
(2023.1 重印)

ISBN 978-7-5635-5852-0

Ⅰ. ①5… Ⅱ. ①杨… ②李… Ⅲ. ①无线电通信－移动通信－通信技术 Ⅳ. ①TN929.5

中国版本图书馆 CIP 数据核字（2019）第 177936 号

---

书　　名：5G 关键技术及网络部署
作　　者：杨燕玲　李　华
责任编辑：廖　娟
出版发行：北京邮电大学出版社
社　　址：北京市海淀区西土城路 10 号（邮编：100876）
发 行 部：电话：010-62282185　传真：010-62283578
E-mail：publish@bupt.edu.cn
经　　销：各地新华书店
印　　刷：北京九州迅驰传媒文化有限公司
开　　本：720 mm×1 000 mm　1/16
印　　张：9.75
字　　数：190 千字
版　　次：2019 年 8 月第 1 版　2023 年 1 月第 5 次印刷

---

ISBN 978-7-5635-5852-0　　　　　　　　　　　　　　　　　定　价：36.00 元

· 如有印装质量问题，请与北京邮电大学出版社发行部联系 ·

# 前　言

　　"宽带中国"战略的提出，移动互联网井喷，物联网和云计算的兴起、成熟与运用——我国的信息产业在过去几年中发生了翻天覆地的变化。在国家战略"互联网＋"的需求中明确指出：未来电信基础设施和信息服务要在国民经济中下沉，满足农业、医疗、金融、交通、流通、制造、教育、生活服务、公共服务、教育和能源等垂直行业的信息化需求，改变传统行业，促生跨界创新。在未来的发展中，移动通信将不仅满足人们日常通信的需求，而且将更多地为国民经济发展服务。5G作为移动通信网络的升级换代，由于其多样化的业务承载能力，以及将网络与业务深度融合，按需提供服务的新理念能为信息产业的各个环节带来全新的发展机遇。因此，5G已经成为通信行业的核心热点，通信行业正在积极推进5G技术向着商业化方向发展，投资5G技术的运营商数量也大幅增长。各大通信运营商都已经宣布参与5G技术示范、实验室测试和外场试验，宣布了推出5G服务的正式计划。如何在4G网络的基础上进一步完善，如何实现部署频谱效率提升5～15倍，能效和成本效率提升百倍以上的5G网络是我们关心的核心问题。

　　随着移动通信技术的更新换代，从第一、二代移动通信技术的技术跟随，到第三代移动通信技术的奋起直追，再到第四代移动通信技术阶段，我国不仅建设了全世界最大规模的移动通信网络，完成了全国范围的覆盖，而且完善了专利申请、标准制定以及通信设备生产的全产业化流程。在5G标准化和产业化进程中，中国信息化产业已经逐步走在了世界前列，赶上了全球通信技术发展的步伐。面对5G新的发展机遇，我国政府积极组织国内各方力量,开展国际合作,共同推动 5G 国际标准发展。

目前,5G 正处于标准化和商业化进程的关键阶段,在场景和需求基本明确的基础上,关键技术和网络架构正在逐步完善。本书在全面系统地介绍 5G 关键技术的基础上,重点对 5G 网络的部署方案进行了研究,特别针对中国这一具有全世界最大移动蜂窝网络系统的市场,考虑其 5G 网络部署方案,研究其 5G 网络的前向兼容和协作融合。

全书共分为 5 章,对 5G 的关键技术、组网与规划设计进行了全面系统的阐述。第 1 章从 5G 的需求和驱动力入手,介绍了 5G 的标准化进程和目前的商业化进程;第 2 章阐述了 5G 的空口关键技术,侧重于 5G 无线技术和网络技术的创新方向;第 3 章根据 3GPP 协议,介绍了 5G 系统架构、物理层、功能体系和协议栈设计等理论基础;第 4 章结合实际网络建设,提出 5G 超密集组网、网络切片以及目前主流的网络架构;第 5 章主要介绍了 5G 的频谱策略、应用场景和部署方案、网络演进策略、网络规划和建设,并综合考虑在与异系统网络协作与融合的情况下 5G 技术应用的方案。希望通过本书的论述,使读者更好地理解 5G 关键技术在实际网络中的应用,适应未来 5G 网络建设,实现 4G 到 5G 的平滑升级。

由于在本书编写过程中,5G 的关键技术和商业化进程正在进行中,书中内容难免存在不足之处,敬请读者批评指正。

作 者

2019 年 7 月

# 目　　录

# 第1章 概 述

## 1.1 移动通信的演进

1897 年,意大利电气工程师伽利尔摩·马可尼(Guglielmo Marchese Marconi, 1874—1937)在陆地和一只拖船之间用无线电进行了消息传输,移动通信由此走上历史的舞台。20 世纪 70 年代末以来,移动通信经历了第一代模拟蜂窝网电话系统和第二代数字蜂窝网电话系统的繁荣与衰退,以及第三代移动通信系统对于数据业务需求的推动。目前,第四代移动通信系统已成为广泛应用的主要技术,第五代移动通信系统的研究和推进工作正在不断加速进行。

**1. 第一代移动通信系统**

20 世纪 70 年代末,美国 AT&T 公司通过使用电话技术和蜂窝无线电技术研制了第一套蜂窝移动电话系统,取名为"先进的移动电话系统",即 AMPS(Advanced Mobile Phone Service)系统。第一代移动通信系统的一大成就在于去除了电话机与网络之间的用户线,用户第一次能够在移动的状态下拨打电话。这一代主要有三种窄带模拟系统标准,即北美蜂窝系统 AMPS,北欧移动电话系统 NMT 和全接入通信系统 TACS。我国主要采用的是 TACS 制式,即频段为 890~915 MHz/935~960 MHz。第一代移动通信的各种蜂窝网系统只能提供基本的语音业务,不能提供非语音业务,并且保密性差,容易并机盗打,各系统之间还互不兼容,移动用户无法在各种系统之间实现漫游。

**2. 第二代移动通信系统**

为解决不同模拟蜂窝系统之间互不兼容的问题,1982 年,北欧四国向欧洲邮电行政大会(Conference Europe of Post and Telecommunications,CEPT)提交了一份建议书,要求制定 900 MHz 频段的欧洲公共电信业务规范,建立全欧统一的蜂窝网移动通信系统。同年,欧洲"移动通信特别小组"(Group Special Mobile, GSM)成立,后来 GSM 的含义演变为"全球移动通信系统"(Global System for

Mobile Communications)。第二代移动通信数字无线标准主要有 GSM，D-AMPS，PDC 和基于 CDMA 技术的 IS-95 等。我国第二代移动通信系统以 GSM 和 IS-95 为主。为了适应数据业务的发展需要，在第二代技术中还诞生了 2.5G 和 2.75G，也就是 GSM 系统的 GPRS、EDGE 和 IS-95 的演进 IS-95B 等技术，提高了数据传送能力。第二代移动通信系统在引入数字无线电技术以后，不但改善了语音通话质量，提高了保密性，防止了并机盗打，而且为移动用户提供了无缝的国际漫游。

**3. 第三代移动通信系统**

第三代移动通信系统就是 IMT-2000，也称为 3G（3$^{rd}$ Generation）。相比第二代移动通信系统，它能提供更高的速率、更好的移动性和更丰富的多媒体综合业务。最具代表性的技术标准有美国提出的 CDMA 2000、欧洲提出的 WCDMA 和中国提出的 TD-SCDMA。

（1）CDMA 2000

CDMA 2000 由美国牵头的 3GPP2（3$^{rd}$ Generation Partnership Project 2）提出，是由 IS-95 系统演进而来，并向下兼容 IS-95 系统。IS-95 系统是世界上最早的 CDMA 移动系统，CDMA 2000 系统继承了 IS-95 系统在组网、系统优化方面的经验，并进一步对业务速率进行了扩展，同时通过引入一些先进的无线技术，进一步提升系统容量。在核心网络方面，CDMA 2000 继续使用 IS-95 系统的核心网作为其电路域来处理电路型业务，如语音业务和电路型数据业务，同时在系统中增加分组设备（PDSN 和 PCF）来处理分组数据业务。因此，在建设 CDMA 2000 系统时，原有的 IS-95 的网络设备可以继续使用，只要新增加分组设备即可。在基站方面，由于 IS-95 与 1x 的兼容性，运营商只要通过信道板和软件更新即可将 IS-95 基站升级为 CDMA 2000 1x 基站。在我国，中国联通在其最初的 CDMA 2000 网络建设中就采用了这种升级方案，而后在 2008 年电信行业重组时，由中国电信收购了中国联通的整个 CDMA 2000 网络。

（2）WCDMA

欧洲电信标准委员会（ETSI）在 GSM（全球移动通信系统）标准之后就开始研究其 3G 标准，其中有几种备选方案是基于直接序列扩频码分多址技术的，而日本的第三代研究也是使用宽带码分多址技术。其后，基于宽带码分多址技术的几种 3G 方案以欧洲和日本为主导进行融合，在 3GPP（3$^{rd}$ Generation Partnership Project）组织中发展成了第三代移动通信系统——通用移动通信系统（Universal Mobile Telecommunications System，UMTS），并提交给国际电信联盟（International Telecommunication Union，ITU），ITU 最终接受 WCDMA 作为 IMT-2000 标准的一部分。3G 时代，WCDMA 是世界范围内商用最多、技术发展最成熟的 3G 制式。在我国，中国联通在 2008 年电信行业重组之后开始建设 WCDMA 网络。

（3）TD-SCDMA

TD-SCDMA 是我国提出的第三代移动通信标准，也是 ITU 批准的三个 3G 标准之一，是以我国知识产权为主的、在国际上被广泛接受和认可的无线通信国际标准。TD-SCDMA 技术标准的提出是我国电信史上重要的里程碑。相对于另外两个 3G 标准（即 CDMA 2000 和 WCDMA），TD-SCDMA 起步较晚。

该标准的原标准研究方为西门子。为了独立于 WCDMA 标准，西门子将其核心专利出售给大唐电信。1998 年 6 月 29 日，原中国邮电部电信科学技术研究院（现大唐电信科技产业集团）向 ITU 提出了该标准。该标准将智能天线、同步 CDMA 和软件无线电 SDR(Software Defined Radio)等技术融于其中。

TD-SCDMA 的发展过程始于 1998 年初，在当时的邮电部科技司的直接领导下，由原电信科学技术研究院组织队伍在 SCDMA 技术的基础上，研究和起草符合 IMT-2000 要求的我国主导的 TD-SCDMA 建议草案。该标准草案以智能天线、同步码分多址、接力切换和时分双工为主要特点，于 ITU 征集 IMT-2000 第三代移动通信无线传输技术候选方案的截止日——1998 年 6 月 30 日提交至 ITU，从而成为 IMT-2000 的 15 个候选方案之一。ITU 综合了各评估组的评估结果，在 1999 年 11 月赫尔辛基 ITU-RTG8/1 第 18 次会议上和 2000 年 5 月伊斯坦布尔 ITU-R 全会上，正式接纳 TD-SCDMA 作为 CDMA TDD 制式的方案之一。

经过一年多的时间、几十次的工作组会议和几百篇的文稿讨论后，2001 年 3 月，在美国棕榈泉召开的 RAN 全会上正式发布了包含 TD-SCDMA 标准在内的 3GPPR4 版本规范，TD-SCDMA 在 3GPP 中的融合工作中达到了第一个目标。

至此，TD-SCDMA 不论在形式上还是在实质上，都已在国际上被广大运营商、设备制造商所认可和接受，成为真正的国际标准。

但是由于 TD-SCDMA 起步比较晚，技术发展成熟度不及其他两大标准，同时由于市场前景不明朗导致相关产业链发展滞后，最终全球只有中国移动一家运营商部署了商用 TD-SCDMA 网络。

**4．第四代移动通信系统**

从核心技术来看，通常所称的 3G 技术主要采用 CDMA(Code Division Multiple Access，码分多址)多址技术，而业界对新一代移动通信核心技术的界定则主要是指采用 OFDM(Orthogonal Frequency Division Multiplexing，即正交频分复用)调制技术的 OFDMA 多址技术，可见 3G 和 4G 最大的区别在于采用的核心技术已经完全不同。从核心技术的角度来看，LTE、WiMAX(802.16e)及其后续演进技术 LTE-Advanced 和 802.16m 等技术均可以视为 4G。但从标准的角度来看，ITU 对 IMT-2000(3G)系列标准和 IMT-Advanced(4G)系列标准的区分并不是以采用何种核心技术为准，而是以能否满足一定的参数要求来区分。ITU 在 IMT-2000 标准中要求,3G 必须满足传输速率在移动状态 144 Kbit/s、步行状态 384 Kbit/s、室内 2 Mbit/s,而 ITU 的 IMT-Advanced 标准中则要求 4G 在使用 100 M 信道带宽时,频谱利用率达到 10 bit/(s·Hz),理论传输速率达到 1 000 Mbit/s。

LTE 分为 TDD(时分双工)和 FDD(频分双工)两种双工方式,其中 TDD 双工方式更适用于非对称频谱。

在 2010 年 10 月召开的 ITU-R WP5D 会议上,LTE-Advanced 技术和 802.16m 技术被确定为最终的 IMT-Advanced 阶段国际无线通信标准。我国主导发展的 TD-LTE-Advanced 技术通过了所有国际评估组织的评估,被确定为 IMT-Advanced 国际无线通信标准之一。截至 2018 年 5 月,全球 58 个国家和地区建立了 111 个 LTE-TDD(TD-LTE)networks,中国标准 TD-LTE 已经成为名副其实的国际标准。

**5. 第五代移动通信系统**

随着无线通信技术的高速发展,用户无线应用越来越丰富,带动了无线数据业务迅速增长。据预测,未来 10 年间,数据业务以每年 1.6～2 倍速率增长,这给无线接入网络带来了巨大的挑战。为了适应业务增长的需要,移动通信技术也加速了升级换代,5G 技术的研究步伐越来越快。

2013 年 5 月,韩国三星电子公布成功研发第五代移动通信技术(5th Generation,5G)环境下的数据收发核心技术,这在全球范围内尚属首例,率先开创了 5G 技术研究的新局面。手机在利用该技术后无线下载速度可以达到 3.6 Gbit/s。这一新的通信技术名为 Nomadic Local Area Wireless Access,简称 NoLA。三星电子计划以 2020 年实现该技术的商用化为目标,全面研发 5G 移动通信核心技术。

我国的移动通信发展在经历了 2G 追赶、3G 突破之后,在 4G 技术发展过程中逐步赶上了全球通信技术发展的步伐。面对 5G 新的发展机遇,我国政府积极组织国内各方力量,开展国际合作,共同推动 5G 国际标准发展。2013 年,工信部、科技部、发改委联合成立了 IMT-2020(5G)推进组,该推进组依托原 IMT-Advanced 推进组的架构,设立了秘书处和各工作小组。

2016 年 1 月,工业和信息化部正式启动 5G 技术研发试验,标志着我国 5G 发展进入技术研发及标准研制的关键阶段。5G 技术研发试验计划于 2016—2018 年进行,分为 5G 关键技术试验、5G 技术方案验证和 5G 系统验证三个阶段实施,最终于 2018 年完成 5G 系统的组网技术性能测试和 5G 典型业务演示。根据总体规划,我国 5G 试验将分两步走:第一步,2015—2018 年进行技术研发试验,由中国信息通信研究院牵头组织,运营企业、设备企业及科研机构共同参与;第二步,2018—2020 年,由国内运营商牵头组织,设备企业及科研机构共同参与。

进入 2017 年,5G 的研究和推进进程明显加快。

2017 年 11 月 15 日,工业和信息化部发布《关于第五代移动通信系统使用 3 300～3 600 MHz 和 4 800～5 000 MHz 频段相关事宜的通知》,确定 5G 中频频谱,能够兼顾系统覆盖和大容量的基本需求。

2017 年 11 月下旬,工业和信息化部发布通知,正式启动 5G 技术研发试验第三阶段工作,并力争于 2018 年年底实现第三阶段试验基本目标。

2017 年 12 月 21 日,在国际电信标准组织 3GPP RAN 第 78 次全体会议上,5G 新空口(New Radio,NR)首发版本正式冻结并发布。

2017 年 12 月,国家发展和改革委员会发布《关于组织实施 2018 年新一代信息基础设施建设工程的通知》,要求 2018 年将在不少于 5 个城市开展 5G 规模组网试点,每个城市 5G 基站数量不少 50 个、全网 5G 终端不少于 500 个。

2018 年 2 月 23 日,沃达丰和华为宣布,两公司在西班牙合作采用非独立的 3GPP 5G 新无线标准和 Sub6 GHz 频段完成了全球首个 5G 通话测试。

中国电信、中国移动和中国联通三家运营商积极参与和推进 5G 试验网的建设工作,并从中积累了 5G 网络的建设和运营经验。

2019 年 6 月 6 日,工业和信息化部正式向中国电信、中国移动、中国联通和中国广电发放 5G 商用牌照,批准四家企业经营"第五代数字蜂窝移动通信业务"。中国 5G 正式商用。

目前,全世界正在以积极的态度迎接 5G 时代的到来。

## 1.2　5G 驱动力和市场趋势

随着我国在互联网技术、产业、应用以及跨界融合等方面的进展,互联网目前正在逐步从消费互联网向产业互联网转变。为了进一步加强互联网与传统产业的融合,国务院总理李克强在第十二届全国人民代表大会第三次会议上所作的政府工作报告首次提出,要"制定'互联网＋'行动计划,推动移动互联网、云计算、大数据、物联网等与现代制造业结合,促进电子商务、工业互联网和互联网金融健康发展。"自此,"互联网＋"上升为国家战略,被纳入顶层设计。同时,"互联网＋"需求中明确指出:未来电信基础设施和信息服务要在国民经济中下沉,满足农业、医疗、金融、交通、流通、制造、教育、生活服务、公共服务、教育和能源等垂直行业的信息化需求,改变传统行业,促生跨界创新。

在未来发展中,移动通信将不仅满足人们日常通信的需求,而且将更多地为国民经济发展服务。移动互联网和物联网将是未来移动通信发展的两大主要驱动力,将为 5G 提供广阔的前景。

**1. 移动互联网**

随着宽带无线接入技术和移动终端技术的飞速发展,人们迫切希望能够随时随地甚至在移动过程中都能方便地从互联网获取信息和服务,移动互联网应运而生并迅猛发展。移动互联网,是移动通信和互联网二者的结合,是指移动通信技术与互联网的技术、平台、商业模式和应用结合并实践的活动的总称。移动互联网利用一定的技术将移动设备与互联网进行接通,通过无线连接获取需要的信息技术,移动互联网技术的发展可以通过移动终端将互联网络全面地为人们所使用。如利用移动互联网技术将互联网与手机终端进行连接,可以让使用手机终端的用户及时通过移动网络获取大量的信息。同时,移动互联网技术不仅可以将互联网与手机连接,还可以将移动通信与互联网的资源紧密地结合在一起。

移动互联网颠覆了传统移动通信业务模式,为用户提供前所未有的使用体验,深刻影响着人们工作生活的方方面面。互联网用户可以不受空间和时间的限制,将互联网与移动终端相接,使操作更加便捷。特别是在 4G 时代开启和智能终端的井喷式增长,为移动互联网的发展注入巨大的能量。

2018 年,思科公司的视觉网络索引(Visual Networking Index,VNI)对 2017—2022 年的全球移动数据流量增长趋势进行了预测,如表 1.2.1 所示。根据预测,到 2022 年,全球的 IP 业务将达到每年 4.8 ZB(每月 396 EB,EB 是计算机存储单位,全称 Exabyte,中文名叫艾字节,64 位计算机系统可用最大的虚拟内存空间为 1 EB,1E=$10^{18}$)。

**表 1.2.1　全球移动数据流量增长预测(2017—2022 年)**

单位:EB per Month

| 年份<br>地区 | 2017 | 2018 | 2019 | 2020 | 2021 | 2022 | 复合年均增长率 |
|---|---|---|---|---|---|---|---|
| 亚太地区 | 5.88 | 10.35 | 15.91 | 22.81 | 31.81 | 43.17 | 49% |
| 中东和非洲地区 | 1.22 | 2.05 | 3.25 | 5.01 | 7.56 | 11.17 | 56% |
| 中欧和东欧地区 | 1.38 | 2.15 | 3.12 | 4.32 | 5.83 | 7.75 | 41% |
| 北美 | 1.26 | 1.80 | 2.5 | 3.41 | 4.48 | 5.85 | 36% |
| 西欧 | 1.02 | 1.47 | 2.06 | 2.81 | 3.80 | 5.12 | 38% |
| 拉丁美洲 | 0.75 | 1.18 | 1.72 | 2.42 | 3.31 | 4.44 | 43% |
| 全球总计 | | | | | | | |
| 移动互联网 | 11.51 | 19.01 | 28.56 | 40.77 | 56.80 | 77.49 | 46% |

注:VNI 中预测的移动数据业务包括智能终端的所有数据业务,如文字信息,多媒体信息等,移动互联网业务包括笔记本式计算机和智能终端使用的互联网业务。

从全球范围来看,2017—2022 年间移动数据流量将增长 6.7 倍,复合年均增长率(Compound Annual Growth Rate,CAGR)达到 46%,移动数据流量将达到互联网 IP 业务总流量的 71%以上。其中,中东地区和非洲地区的数据业务将飞速增长,其复合年均增长率高达 56%,但是鉴于亚太地区 45 亿人口的庞大人口基数,预测至 2022 年,其移动数据业务将达到每月 43.17 EB。

当前,移动互联网涉及的种类很多,且种类的增长速度较快,这些种类主要有在线音乐、在线视频、在线游戏、移动新闻、二维码和移动支付等,展现出多元化的格局,特别是和云计算结合成为移动互联网发展的新趋势。云计算本身就是基于网络资源的收集和互享,用户通过网络获得更多的网络服务。移动互联网为了满足客户更多的需求,为用户提供更多的服务,将网络资源整合在一起,促进了云计算的发展。移动互联网与云计算的结合使得用户能够突破时间和空间的限制,随时随地使用云计算服务,用户将自己的数据上传至网上进行储存和共享,满足自己浏览网页和观看视频的需求,同时也促进了资源的整合和共享。

随着移动互联网的发展,其应用领域逐渐增多,这些领域主要表现为在线游戏、移动社交、在线视频、移动阅读、移动定位和移动支付等方面。

①在线游戏。在线游戏更新速度快、地域限制小、可玩程度高,已经成为移动互联网的热点业务。研究认为,在线游戏不仅限于游戏本身,而且可以通过游戏平台营造出的虚拟情境向玩家提供人际互动功能与团队的认同感。特别是以大学生群体为主的年轻群体正处于自我概念发展的阶段,他们通过在线游戏完成与外界的互动,获得参照比较的机会,并且建构虚拟的世界。

②移动社交。移动社交是以移动终端设备为载体,通过移动社交程序实现社交媒体功能的应用技术。随着移动互联网、智能终端以及移动应用技术的日益发展,移动社交媒体用户数量越来越多。移动社交逐渐成为消费者数字化生存的重要媒介。在虚拟的网络世界,移动社交为人们提供交流平台,人们可以跨地域、跨种族交流。

③在线视频。在线视频和在线游戏一样,只要有移动网络便可观看最新的视频。视频平台目前的主要受众具有年龄结构年轻态、知识体系处于发展期的明显特点。加之年轻网民的虚拟社交参与欲望强烈,微视频平台的信息传播呈现出十分活跃的传播状态。

④移动阅读。移动阅读主要指通过智能手机、电子阅读器和平板电脑等电子化移动终端获取信息、阅读作品的全新形式。移动阅读因为具有携带的便捷性、阅读内容的海量性和多样性,以及交互分享的及时性等特征,深刻地影响了社会大众的阅读习惯和阅读行为。随着互联网信息技术的不断发展和移动终端技术及设备的普及,移动阅读因其内容选择的多样性、获取内容的便捷性和互动分享的实时性等特点,很好地满足了当今快节奏生活的人们碎片化阅读的需求,从而逐渐成为大众获取信息和日常阅读的主要途径,成为阅读的发展趋势。2018 年 4 月 18 日,中国新闻出版研究院发布了第十五次全国国民阅读调查报告,调查结果显示,移动阅读率的上升对整体国民综合阅读率有重要的拉升作用。

⑤移动定位。在人类活动中,地理信息一直发挥着重要作用,大多数生产、生活信息都与其包含的地理位置有关。基于位置的服务是移动互联网的基础应用之一,通过采集手机用户的行动轨迹数据并对其进行分析,可以进一步掌握用户的行为特征,并针对这些行为特征开发实用的应用,这样就可以针对性地为手机用户提供个性化、智能化的基于位置的服务,同时为各种群体性服务和社会管理提供了基础信息。除了个体服务应用之外,利用手机用户的个体行为时空数据还可以快速方便地获取大批量城市居民的实时移动性数据,为及时掌握居民行为时空模式和实时变化的城市空间结构提供有效的数据,能更好地理解居民行为决策与城市空间结构之间的互动机制,如城市的区域规划、旅游地区的管理规划和城市交通的规划服务等。

⑥移动支付。随着科技的发展,人们对便捷生活的要求也越来越高——不满足于带着大把钞票进行交易的形式,更倾向于简单、快捷的移动支付。移动支付的出现,使得金钱交易的形式不再单一化,使得人们的生活更加方便。移动支付已延伸至公共服务领域的方方面面。移动支付已由早期打车、外卖、购物等生活类缴费逐步扩展到共享单(汽)车、网络直播、旅行和互联网理财等领域。除了网络游戏、网络视频、网络购物等较为常规的互联网行为,网络音乐、网络文学等新事物在移动支付方面表现抢眼。

面向 2020 年及未来,移动互联网将推动人类社会信息交互方式的进一步升级,为用户提供增强现实、虚拟现实、超高清(3D)视频、移动云等更加身临其境的极致业务体验。移动互联网的进一步发展将带来未来移动流量超千倍增长,推动移动通信技术和产业的新一轮变革。

**2. 物联网**

物联网(Internet of things,IoT)是新一代信息技术的重要组成部分,也是"信息化"时代的重要发展阶段。物联网就是物物相连的互联网,它扩展了移动通信的服务范围,从人与人通信延伸到物与物、人与物智能互联,使移动通信技术渗透至更加广阔的行业和领域。

自 1999 年提出物联网概念以来,物联网的定义已经从早期简单地依托射频识别实现物品信息互联扩展到了通信网和互联网的拓展应用和网络延伸。物联网利用感知技术与智能装置对物理世界进行感知识别,通过网络传输互联,进行计算、处理和知识挖掘,实现人与物、物与物信息交互和无缝链接,达到对物理世界实时控制、精确管理和科学决策的目的。物联网通过随时随地的信息采集,感知物理世界,实现全面的信息交互,为了支持物联网的"泛在"特性,移动通信网络必须能够支持大容量、高带宽和多业务,能够完成全面覆盖以支持随时随地的连接。

根据物联网的内涵,物联网应该具备三个特征:一是全面感知,即利用 RFID、传感器、二维码等获取物体的信息;二是可靠传递,通过各种电信网络与互联网的融合,将物体的信息实时准确地传递出去;三是智能处理,利用云计算、模糊识别等智能计算技术,对海量数据和信息进行分析和处理,对物体实施智能化的控制。

移动物联网的提出旨在采用蜂窝无线接入系统提供物联网的功能,并且支持覆盖增强,支持大量低速终端的接入,满足低时延、低成本和低功耗等功能需求。目前,移动物联网以窄带物联网(Narrow Band Internet of Things,NB-IoT)和增强型机器通信(enhanced Machine Type Communications,eMTC)技术为主流技术,其中 NB-IoT 为窄带物联网,eMTC 为宽带物联网。NB-IoT 以其低成本、电信级、高可靠性、高安全性为主要特点;eMTC 以其电信级、高速率、安全可靠为主要特点。

根据 Juniper Research 预测,到 2021 年,物联网设备、传感器和执行器的数量将超过 460 亿。对比 2016 年的数值,增长了 200%。

在物联网环境下,大量设备对网络上传、下载和时延的要求存在区别,网络必须有一定的智能性(如表 1.2.2 所示)。尤其在个别应用场景下,对网络的时延有极高要求,如车联网场景下,为了保证自动驾驶的安全性,车与车之间、车与云端之间的时延在 5 毫秒以内,误报率在 99.999% 以下,而且在车辆发生拥塞或大量节点共享有限频谱资源时,仍能够保证传输的可靠性;而 VR 头载设备必须要保证绝对低时延,延迟不超过 20 毫秒,才能有效减缓眩晕体验,使用户的体验场景更为真实。

表 1.2.2　物联网不同应用对下载、上传、时延的要求

| 物联网 | 下载速率 | 上传速率 | 延迟要求 |
| --- | --- | --- | --- |
| 基本视频和音乐流 | 高 | 低 | 中 |
| 文本通信 | 低 | 低 | 中 |
| VoIP | 低 | 低 | 中 |
| 网页浏览 | 低 | 低 | 中 |
| 远程会议 | 中 | 中 | 中 |
| 远程教育 | 中 | 中 | 中 |
| ERP/CRM | 中 | 低 | 低 |
| HD 视频流 | 高 | 低 | 低 |
| AR 应用 | 高 | 中 | 低 |
| 网络电子病历 | 中 | 高 | 低 |
| VoLTE | 低 | 低 | 低 |
| 个人内容柜 | 高 | 高 | 低 |

| 物联网 | 下载速率 | 上传速率 | 延迟要求 |
|---|---|---|---|
| 远程医疗 | 高 | 中 | 低 |
| 高清视频会议 | 高 | 高 | 低 |
| 超高清视频流 | 高 | 高 | 低 |
| VR | 高 | 高 | 低 |
| 高频股票交易 | 低 | 低 | 低 |
| 车联网 | 低 | 低 | 低 |

未来物联网的重点应用需求领域主要包括智能制造(工业 4.0)、智能交通(包括车联网)、智能家居、智慧医疗和智慧城市等方面。

①智能制造。目前,工业机器人已被广泛应用于装备制造、新材料、生物医药和智慧新能源等高新产业。机器人与人工智能技术、先进制造技术和移动互联网技术地融合发展推动了人类社会生活方式的变革。现在所使用的工业机器人是集机械、电子、控制、传感和人工智能等多学科先进技术于一体的自动化装备。其中,驱动系统包括动力装置和传动机构,用以使执行机构产生相应的动作;控制系统按照输入的程序对驱动系统和执行机构发出指令信号,对其进行控制。工业 4.0 智能制造带来了大量的机器人的应用需求,同时机器与机器之间、机器与人之间交互的上升给行业信息化应用带来市场机遇——企业的劳动生产率、产品合格率有较大提高,用工人数、生产成本均有明显下降。下一代智能机器人的精细作业能力将被进一步提升,对外界的适应感知能力将不断增强,使其能够完成精细化的工作内容,如组装微小的零部件等,且预先设定程序的机器人不再需要专家的监控。同时,市场对机器人灵活性、对机器人与人协作能力的要求也在不断提高。未来,新一代智能机器人能够靠近工人执行任务,通过物联网技术的控制将采用声呐、摄像头或其他技术感知工作环境是否有人,如有碰撞的可能,它们则会减慢速度或者停止运作。

目前,已有部分企业通过智能制造(工业 4.0)对传统产业进行了升级改造,机器与机器、机器与人之间交互的上升给行业信息化应用带来市场机遇,企业的劳动生产率、产品合格率有较大提高,用工人数、生产成本均有明显下降。

②智能交通。以车联网技术为代表的智能交通是未来物联网发展的重要应用。车联网 V2X,即 Vehicle to X,其中 X 代表路边基础设施(Infrastructure)、车辆(Vehicle)、人(Pedestrian)和路(Road)等。V2X 概念的表述是物联网应用的实现和对 D2D(Device to Device)技术的深入研究。车联网是能够实现智能化交通管理、智能动态信息服务和车辆智能化控制的一体化网络,是物联网技术在交通系统

领域的典型应用。在智慧交通系统中应用车联网的主要目的在于提高道路安全性、解决交通问题和优化交通管理等,需要通过车辆与路侧单元、车辆与车辆等通信方式向周围车辆实时准确地发送安装在车辆上的 RFID(射频识别)、传感器等采集的车辆状态信息(特别是车辆的位置、速度、方向信息)。汇聚这些信息后,通过数据分析、处理提取出有效信息,为车辆出行提供智能的决策依据。V2X 网络系统通过移动通信技术实现信息交互,其实施的关键在于移动通信技术的时延要求,即需要确保网络的接入时间最短,传输时延较低,同时还须保证信息传输的可靠性和安全性等。在一定范围内,为实现车辆间通信,不仅要实现频谱的再利用以满足通信带宽要求,而且还需要建立核心网络,并利用系统的专用特殊组件完成信息的中转和传输。另外,实时精准的车辆状态感知技术也是实现车联网应用重要基础。车辆状态的感知技术通常包括车辆运动状态的感知技术和行车环境的感知技术,通过这些技术感知车辆本身状态和周围车辆的运动状态,从而分析判断是否存在安全隐患。

车联网具有大量应用场景,可应用于道路交通信息提示、协作车辆预防碰撞服务、自动停车系统等方面。

③智能家居。智能家居是以住宅为平台,利用综合布线技术、通信技术及自动控制技术等有关技术实现家居设施的互联,构建智能住宅设施管理系统,从而实现安全舒适且环保节能的居住环境。物联网为智能家居的发展提供了新的方向。以物联网技术为基础实现的智能家居通过安装各种传感器来采集住宅内的环境、设备及人员信息,利用移动通信网络将上述各种信息接入物联网网关,再由网关将这些信息转发至互联网中的服务器,用户通过手机、计算机上的浏览器或客户端软件登录服务器便可以实时查看各个子系统的信息,以此控制家居设备的运行,从而构建了一个基于物联网的智能家居系统。基于物联网的智能家居的一个主要特点就是能够将住宅内的各种电气设备连接至互联网,能够在互联网中实现用户和设备的互动。应用服务器已经将设备数据存储至数据库中,Web 服务器的任务就是将这些数据展现在互联网上,以便用户随时通过 Web 浏览器查看房间内的环境信息和设备状态,用户也可以远程控制设备的运行状态。相对于以嵌入式家庭网关为中心的其他系统,基于物联网的智能家居系统还可以借助于物联网服务器强大的资源实现海量数据的存储、更美观的界面和更方便的操作。每个独立的智能家居系统还可以通过网络服务器获取小区物业服务、市政服务、天气预报等信息。同时,采用物联网技术可以将原来不具有通信接口的设备连接至物联网网关,不需要复杂的布线或者购买昂贵的带通信接口的家电。此外,家居内的设备随时可能增加或减少,采用具有自组织特性的物联网可以很好地适应这种动态变化,方便用户使用及系统维护。

目前的智能家居由于涉及多协议多厂家,其互联互通和信息安全依旧是问题。智能家居需要将优秀的研发基础与突破性的产品相结合,让人们拥有更好的体验。

④智慧医疗。智慧医疗是指融合互联网、物联网、云计算和大数据技术,以电子病历和电子健康档案等医疗数据为基础,通过互联网、物联网和传感器对病人生命体征数据实时收集,利用云计算、大数据的数据挖掘和知识发现理论对手机的数据实时分析,实现病人和医疗设备、医疗机构、护理人员之间实时互动的智能远程疾病预防与护理系统。

智慧医疗在现有医疗保健体系中表现出了前瞻性和科学性,通过全方位探寻患者健康状况信息以及相关医疗资源信息,为患者提供更为高效、系统、个性的医疗服务方案,并且能降低医疗服务成本、改善医疗效果,甚至可以缓解紧张的医患关系。智慧医疗基于物联网相关技术,打破"信息孤岛",将医疗机构、社保部门、健康服务机构以及患者等连接起来,实现医疗信息共享,解决医疗联合体之间共享、调阅资料的问题,为建立分级医疗服务体系提供便利,实现"小病在社区,大病进医院",合理分配不同医疗机构间的医疗资源。同时,智慧医疗实现了以患者为中心的就医模式,开发了有效、安全、便捷的产品满足人们不同需求;通过 App 等完成预约挂号、在线获取报告以及划价缴费等操作,患者可以体验无缝医疗,也更方便医务人员对临床信息的提取,提高临床决策效率,优化患者诊疗流程。智慧医疗借助信息共享平台以及大数据的收集、处理和分析技术,对卫生数据进行全方位整合和分析,有利于卫生部门决策的合理化、科学化——进行数据预测研究,预防重大疾病发生。

由于国家高度重视智慧医疗,国家多机关、多部委先后颁布了多项政策文件,加强指导智慧医疗的建设。目前,部分地区已经建立了卫生信息三级网络平台,医院信息管理系统也日臻完善,智慧医疗将在物联网技术的支持下进一步发挥其智能化、数字化和网络化的优势。

⑤智慧城市。智慧城市是指运用通信技术、移动互联、感知技术和大数据分析等前沿技术,充分调动并使用城市核心系统的信息,从而对智慧城市中的需求夙愿进行智能响应,创造更加美好的城市生活。

在智慧城市建设中,物联网技术是实现智慧城市的基础。基于物联网技术的发展,智慧城市通过分布在大街小巷数以亿计的传感器不间断地采集信息、采集图像和处理信息,继而对各种需求进行智能响应,将城市的系统和服务通信技术打通、集成,提升资源运用效率,优化城市管理和服务,从而改善市民生活质量。另外,由于采集的信息数据呈现爆发式增长,如何系统地认知、处理,以及在庞大的数据中挖掘出符合经济价值的信息,则需要综合大数据和云计算技术,充分调动并使用核心系统的信息,建设庞大的数据库,才能满足智慧城市信息处理和智能响应的需求,从而实现智慧城市的愿景。因此,智慧城市的实现必将是物联网、大数据以及云计算等新型信息技术的结合。

面向未来,移动医疗、车联网、智能家居、工业控制和环境监测等应用将会推动物联网应用爆发式发展,数以千亿的设备将接入网络,实现真正的"万物互联",并缔造出规模空前的新兴产业,为移动通信带来无限生机。同时,海量的设备连接和多样化的物联网业务也会给移动通信带来新的技术挑战。

**3. 市场趋势**

根据《5G 愿景与需求》白皮书预计:2010—2020 年,全球移动数据流量增长将超过 200 倍,2010—2030 年将增长近 2 万倍;中国的移动数据流量增速高于全球平均水平,预计 2010—2020 年将增长 300 倍以上,2010—2030 年将增长超 4 万倍。发达城市及热点地区的移动数据流量增速更快,2010—2020 年上海的增长率可达 600 倍,北京热点区域的增长率可达 1 000 倍。

移动数据流量快速增长的背后是新型移动应用的爆发式发展,与此同时带来的是传统电信运营商业务受到猛烈冲击,尤其是受互联网应用服务提供商(Over The Top,OTT)的挤压非常明显,这些业务使得运营商原来的短信、国内话音、甚至国际电话业务都受到了很大影响。比如,腾讯微信、QQ 占用了非常多的电信运营商的信令资源。同时,运营商之间的竞争也趋于白热化,三大运营商为了应对移动互联网时代的到来及各方面的挑战,都提出了相应的策略并加以执行。

OTT 企业在移动互联网时代发展迅速,其内容、广告、电商以及增值服务四大盈利模式不断打压电信运营商的盈利空间。目前,OTT 企业已将电信运营商的主业——话音业务不断压缩,使三大电信运营商未来的话音业务发展受限。同时,OTT 企业也打压了电信运营商数据业务中的主力军——短信(SMS)和彩信(MMS)。使电信运营商将精力放在流量经营上。

移动互联网时代,国内电信市场的竞争已经从激烈的人口红利竞争全面转向数据红利和信息红利竞争。前期,运营商用户数量增加,但收益未见明显增长,运营商陷入了"增量不增收"的怪圈。当前,国内运营商推出更优惠的套餐,吸引用户以实现流量增长,但流量单价持续降低,这样无法带来运营商的收益增加。未来,电信运营商将利用自身在管道中的运营优势、网络优势和能力优势,成为控制型的智能管道供应商,为移动互联网的业务流程提供精准服务(如计费和 CRM)、基础架构支持和高价连接功能。

目前,5G 已经成为 4G 宽带后运营商新的竞争焦点。未来,除了在传统语音、数据等领域,电信运营商在物联网领域的竞争将日趋激烈。在这样的市场背景下,网络与业务的融合为 5G 发展提供新的发展方向。

5G 应用场景非常丰富:从突发事件到周期事件的资源分配;从自动驾驶到低

移动性终端的移动性管理；从工业控制到抄表业务的时延要求等。面对如此多样的业务场景，5G 提出的"网络与业务深度融合，按需提供服务"的新理念能为信息产业的各个环节带来全新的发展机遇。

基于 5G 网络"最后一公里"的位置优势，OTT 企业能够提供更具差异性的用户体验。例如，基于网络开放的位置区域、移动轨迹和无线环境等上下文信息，App 能够筛选出更恰当的服务参数，提升客户黏性；同时，利用网络边缘的内容缓存和计算能力，服务提供商可以为指定用户提供更优质的时延和带宽服务质量保障，在竞争中抢得先机。基于 5G 网络"端到端全覆盖"的基础设施优势，以垂直行业为代表的物联网业务需求方可以获得更强大且更灵活的业务部署环境。依托强大的网管系统，垂直行业能够获得对网内终端和设备更丰富的监控和管理手段，全面掌控业务运行状况；利用功能高度可定制化和资源动态可调度的 5G 基础设施能力，第三方业务需求方可以快捷地构建数据安全隔离和资源弹性伸缩的专用信息服务平台，从而降低开发门槛。

对于移动网络运营商而言，5G 网络有助于进一步开源节流。开源方面，5G 网络突破当前封闭固化的网络服务框架，全面开放基础设施、组网转发和控制逻辑等网络能力，构建综合化信息服务使能平台，为运营商引入新的服务增长点。节流方面，按需提供的网络功能和基础设施资源有助于更好地节能增效，降低单位流量的建设与运营成本。随着移动网络和互联网在业务方面不断深入地融合，两者在技术方面也相互渗透和影响，云计算、虚拟化、软件化等互联网技术是 5G 网络架构设计和平台构建的重要使能技术。

# 1.3  5G 的需求和应用

### 1. 业务和用户需求

移动互联网主要是面向以人为主体的通信，注重提供更好的用户体验。未来，超高清、3D 和浸入式视频的流行将会驱动数据速率大幅提升，如 8K(3D)视频经过百倍压缩之后传输速率仍需要大约 1 Gbit/s。增强现实、云桌面、在线游戏等业务，不仅对上下行数据传输速率提出挑战，也对时延提出了"无感知"的要求。大量的个人和办公数据将会存储在云端，海量实时数据的交互需要可媲美光纤的传输速率，并且会在热点区域对移动通信网络造成流量压力。社交网络等 OTT 业务将会成为未来主导应用之一，小数据包频发将造成信令资源的大量消耗。人们对各种应用场景下的通信体验要求越来越高，用户希望能在体育场、露天集会、演唱会等超密集场景，高铁、车载、地铁等高速移动环境下也能获得的业务体验。

未来的移动物联网需要用移动网络承载。移动物联网主要是面向物与物、人与物的通信,这不仅涉及普通个人用户,而且涵盖了大量不同类型的行业用户。移动物联网业务类型非常丰富,业务特征差异巨大。其中,智能家居、智能电网、环境监测、智能农业和智能抄表等业务,需要网络支持海量设备连接和大量小数据包频发;视频监控和移动医疗等业务需要网络有很高的传输速率;车联网和工业控制等业务则要求毫秒级的时延和接近 100％ 的可靠性。另外,大量物联网设备会部署在山区、森林、水域等偏远地区以及室内角落、地下室、隧道等信号难以覆盖的区域,因此要求移动通信网络的覆盖能力进一步增强。为了渗透到更多的物联网业务中,5G 应具备更强的灵活性和可扩展性,以适应海量的设备连接和多样化的用户需求。

无论是对于移动互联网还是物联网,用户在不断追求高质量业务体验的同时也期望成本的下降。同时,5G 需要提供更高和更多层次的安全机制,才能不仅满足互联网金融、安防监控、安全驾驶、移动医疗等极高的安全要求,而且能为大量低成本物联网业务提供安全解决方案。此外,5G 应能够支持更低功耗,以实现更加绿色环保的移动通信网络,并大幅提升终端电池续航时间,尤其是一些物联网设备的终端电池续航时间。

**2. 发展和效率需求**

目前的移动通信网络在应对移动互联网和物联网爆发式发展时可能会面临以下问题:能耗、每比特综合成本、部署和维护的复杂度难以高效应对未来千倍业务流量增长和海量设备连接;多制式网络共存造成了复杂度的提升和用户体验的下降;现有网络在精确监控网络资源和有效感知业务特性方面的能力不足,无法智能地满足未来用户和业务需求多样化的趋势。此外,无线频谱从低频到高频跨度很大,且分布碎片化,干扰复杂。应对这些问题,需要从以下两方面提升 5G 系统能力,以实现可持续发展。

在网络建设和部署方面,5G 需要提供更高网络容量和更全面覆盖,同时降低网络部署,尤其是超密集网络部署的复杂度和成本;5G 需要具备灵活可扩展的网络架构以适应用户和业务的多样化需求;5G 需要灵活高效地利用各类频谱,包括对称和非对称频段、重用频谱和新频谱、低频段和高频段、授权和非授权频段等。另外,5G 需要具备更强的设备连接能力来应对海量物联网设备的接入。

在运营维护方面,5G 需要改善网络能效和比特运维成本,以应对未来数据迅猛增长和各类业务应用的多样化需求;5G 需要降低多制式共存、网络升级以及新功能引入等带来的复杂度,以提升用户体验;5G 需要支持网络对用户行为和业务内容的智能感知并作出智能优化。同时,5G 需要能提供多样化的网络安全解决方案,以满足各类移动互联网和物联网设备及业务的需求。

### 3. 关键能力需求

根据社会职责和功能、终端用户、业务应用和网络运营等方面的分析,从技术角度总结出以下 5G 的关键能力需求。

(1) 1 000 倍的流量增长,单位面积吞吐量显著提升

基于对近年来移动通信网络数据流量增长趋势,业界预测到 2020 年,全球总移动数据流量将达到 2010 年总移动数据流量的 1 000 倍。这就要求单位面积的吞吐量能力,特别是忙时吞吐量能力同样有 1 000 倍的提升,需要达到 100 Gbit/s/km$^2$ 以上。

(2) 100 倍连接器件数目

未来 5G 网络用户范畴极大扩展,随着物联网的快速发展,业界预计到 2020 年连接的器件数目将达到 500~1 000 亿。这就要求单位覆盖面积内支持的器件数目将极大增长,在一些场景下单位面积内通过 5G 移动网络连接的器件数目达到每平方千米 100 万,相对 4G 增长 100 倍。

(3) 10 Gbit/s 峰值速率

根据移动通信市场发展需求,5G 网络需要 10 倍于 4G 网络的峰值速率,即达到 10 Gbit/s 量级。在一些特殊场景下,用户有单链路 10 Gbit/s 速率的需求。

(4) 10 Mbit/s 的可获得速率和 100 Mbit/s 的速率能力

2020 年的网络,需要能够保证在绝大多数的条件下(98% 以上概率),任何用户能够获得 10 Mbit/s 及以上速率体验保障。对于特殊需求用户和业务,5G 需要提供高达 100 Mbit/s 的业务速率保障,以满足部分特殊高优先级业务(如急救车内的高清医疗图像传输服务)的需求。

(5) 更小的时延和更高的可靠性

5G 网络需要为用户提供随时在线的体验,并满足诸如工业控制、紧急通信等更多高价值场景需求。这一方面要求进一步降低用户面时延和控制面时延,相对4G 缩短 5~10 倍,达到人力反应的极限如 5 毫秒(触觉反应),并提供真正的永远在线体验。另外,一些关系人的生命、重大财产安全的业务,要求端到端可靠性提升到 99.999%,甚至 100%。

(6) 更高的频谱效率

国际电信联盟(ITU)对 IMT-A 在室外场景下平均频谱效率的最小需求为2~3 bit/s/Hz,LTE-A 引入多点协作(CoMP)等先进特性,可以进一步提升系统的频谱效率。通过演进及革命性技术的应用,5G 的平均频谱效率相对于 4G 需要5~10 倍的提升,以解决流量爆炸性增长带来的频谱资源短缺。

### 4. ITU 应用场景

ITU 为 5G 定义了增强移动宽带(enhance Mobile Broadband,eMBB)、海量物联网通信(massive Machine Type Communication,mMTC)、超高可靠性与超低时

延业务(ultra Reliable and Low Latency Communication,uRLLC)三大应用场景。实际上,不同行业往往在多个关键指标上存在差异化要求,因而 5G 系统还须支持可靠性、时延、吞吐量、定位、计费、安全和可用性的定制组合。万物互联也带来更高的安全风险,5G 应能够为多样化的应用场景提供差异化安全服务,保护用户隐私,并支持提供开放的安全能力。

(1) eMBB

eMBB 典型应用包括超高清视频、虚拟现实、增强现实等。这类场景首先对带宽要求极高,关键的性能指标包括 100 Mbit/s 用户体验速率(热点场景可达 1 Gbit/s)、数十 Gbit/s 峰值速率、每平方千米数十 Tbit/s 的流量密度、每小时 500 km 以上的移动性等。其次,涉及交互类操作的应用还对时延敏感,如虚拟现实沉浸体验对时延要求在 10 ms 量级。

3GPP 的技术文档 TR22.891 和 TR38.913 对具体的业务指标进行了相关描述:

- 对于慢速移动用户,用户的体验速率要达到 1 Gbit/s 量级;
- 对于高速移动或者信噪比比较恶劣的场景,用户的体验速率至少要达到 100 Mbit/s;
- 业务密度最高可达 Tbit/s/km² 量级;
- 对于高速移动用户,最高需要支持 500 km/h 的移动速率;
- 用户平面的延时需要控制在 4 ms。

(2) mMTC

mMTC 典型应用包括智慧城市、智能家居等。这类应用对连接密度要求较高,同时呈现行业多样性和差异化。智慧城市中的抄表应用要求终端低成本低功耗,网络支持海量连接的小数据包;视频监控不仅要求部署密度高,还要求终端和网络支持高速率;智能家居业务对时延要求相对不敏感,但终端可能需要适应高温、低温、震动、高速旋转等不同家具电器工作环境的变化。

在 3GPP 技术文档 TR22.891 中,对于传感器类的 MTC 要求每平方千米 100 万连接数。

(3) uRLLC

uRLLC 典型应用包括工业控制、无人机控制和智能驾驶控制等。这类场景聚焦对时延极其敏感的业务,且高可靠性也是其基本要求。自动驾驶实时监测等要求毫秒级的时延,汽车生产、工业机器设备加工制造时延要求为 10 ms 级,可用性要求接近 100%。

在 3GPP 技术文档 TR22.891 对具体的业务指标进行了相关描述:

- 低时延小于 1 ms;

- 超可靠至少低于误包率<$10^{-4}$;
- 对于高速移动场景,如无人机控制,需要保证在飞行速度为 300 km/h 时能提供上行 20 Mbit/s 的传输速率。

**5. 5G 创新应用**

在 5G 技术优势下,越来越多的创新移动应用成为可能,根据不同的角度,可以将 5G 创新应用划分为不同的业务类别,如表 1.3.1 所示。

表 1.3.1 5G 创新应用

| 业务类别 | 创新应用 |
|---|---|
| 超高速业务 | VR/AR(直播,游戏等)、4K/8K video、e-Health(远程手术) |
| 超低时延业务 | 自动驾驶、无人机、工业监控 |
| 大规模连接业务 | 智能机器人、智能家庭、智能城市 |
| 热点补充业务 | 移动办公、移动智真、热点覆盖 |
| 灵活组网业务 | 公共安全、白盒化基站、园区虚拟运营、物联网虚拟运营 |
| 超宽带业务 | WTTx 超宽无线宽带 |

(1) 虚拟现实(Virtual Reality,VR)与增强现实技术(Augmented Reality,AR)

VR 是指利用计算机生成一种模拟环境,采用多信息融合的、交互式的三维动态视景和实体行为的系统仿真方式,使用户沉浸到该环境中。根据传统定义,VR 主要包括模拟环境、感知、自然技能和传感设备等方面。模拟环境是由计算机生成的、实时动态的三维立体逼真图像。感知是指理想的 VR 应该具有一切人所具有的感知。除计算机图形技术所生成的视觉感知外,还有听觉、触觉、力觉、运动等感知,甚至还包括嗅觉和味觉等,也称为多感知。自然技能是指人的头部转动、眼睛和手势,或其他人体行为动作,由计算机来处理与参与者的动作相适应的数据,并对用户的输入实时响应,并分别反馈到用户的五官。传感设备是指三维交互设备。

AR 是一种实时地计算摄影机影像的位置及角度并加上相应图像、视频、3D 模型的技术。AR 将真实世界信息和虚拟世界信息"无缝"集成,把原本在现实世界的一定时间空间范围内很难体验到的实体信息(视觉信息、声音、味道、触觉等),通过电脑等科学技术,模拟仿真后再叠加,将虚拟的信息应用到真实世界,被人类感官所感知,从而达到超越现实的感官体验。真实的环境和虚拟的物体实时地叠加到了同一个画面或空间同时存在。

目前,苹果等主流智能终端厂商,已经开始研究并逐步推出 AR 智能手机,通过智能手机实现通过多个摄像头去识别物体,跟踪目标,更精准的导航定位(尤其是室内),及对周围环境的 3D 描绘等 AR 功能。

VR/AR 给用户带来非常震撼的业务体验,要求更好的虚拟内容沉浸感,主要应用于游戏、全景视频,同时对视野(流量、带宽)和时延的要求很高,对于普通观影的要求达到 400 Mbit/s,时延小于 17 ms;对于互动式下的生理舒适要求,则要求达到 3.2 Gbit/s,时延<7 秒。因此,5G 网络高速低时延和扁平化架构,正是 VR 发展的最佳平台。然而,VR/AR 能否真正取得成功,除了网络本身外,终端是否成熟低价,内容是否丰富都将成为关键要素。

(2) 4K/8K video

按照国际电信联盟(ITU)定义的标准,4K 的分辨率为 3 840×2 160,长宽比为 16:9,总像素超过 800 万;而 8K 视频分辨率为 7 680×4 320,是目前电视视频技术的最高水平,也将是电视视频技术的发展方向。与普通视频相对比,4K/8K 视频在视觉上有了很大提升,而且色彩非常丰富,给视频观看者带来不同的感受。预计在 5G 时代,终端的支持会使得移动互联网 4K/8K video 业务的逐步普及。

(3) e-Health(远程手术)

远程手术将虚拟现实技术与网络技术结合,使得医生可以亲自对远距离的患者进行一定的操作,同样的过程应用于手术,就是"远程手术"了。也就是说,医生根据传来的现场影像进行手术操作,其一举一动可转化为数字信息传递至远程患者处,控制当地医疗器械的动作。

(4) 自动驾驶

自动驾驶包含 V2V、V2I、V2N 和 V2P 技术,自动驾驶要求网络低时延(3 毫秒以下)及多点接入,同时需要边际云的分布式大数据分析。因此,5G 毫无疑问将是自动驾驶最适合的网络平台。除了技术挑战之外,自动驾驶的法律法规是否完善,细分市场及商业模式是否清晰则是自动驾驶商用路上需要考虑的问题。

(5) WTTX 超宽无线宽带

利用 5G 技术实现超宽无线宽带可能是目前运营商最接近成熟的技术应用之一,毕竟终端复杂度相对较低,商业模式也相对成熟,如果有足够的频谱资源,WTTx 可以提供大于 10 Gbit/s 的高速连接。

对于无线宽带,运营商更看重如何凸显 5G WTTx 与 4G 的用户体验差异,如何与固网光纤竞合,以及有无更灵活的商业模式以获得更多收入。

# 1.4　5G 技术场景

移动互联网和物联网业务将成为移动通信发展的主要驱动力。5G 将满足人们在居住、工作、休闲和交通等各种区域的多样化业务需求,即便在密集住宅区、办公室、体育场、露天集会、地铁、快速路、高铁和广域覆盖等具有超高流量密度、超高连接数密度和超高移动性特征的场景,也可以为用户提供超高清视频、虚拟现实、增强现实、云桌面和在线游戏等极致业务体验。与此同时,5G还将渗透到物联网及各行业领域,与工业设施、医疗仪器和交通工具等深度融合,有效满足工业、医疗、交通等垂直行业的多样化业务需求,实现真正的"万物互联"。

5G将解决多样化应用场景下差异化性能指标带来的挑战,不同应用场景面临的性能挑战有所不同,用户体验速率、流量密度、时延、能效和连接数都可能成为不同场景的挑战性指标。从移动互联网和物联网主要应用场景、业务需求及挑战出发,可归纳出连续广域覆盖、热点高容量、低功耗大连接和低时延高可靠四个5G主要技术场景。

连续广域覆盖和热点高容量场景主要满足2020年及未来的移动互联网业务需求,也是传统的4G主要技术场景。低功耗大连接和低时延高可靠场景主要面向物联网业务,是5G新拓展的场景,重点解决传统移动通信无法很好地支持物联网及垂直行业应用的问题。

**1. 连续广域覆盖场景**

连续广域覆盖场景是移动通信最基本的覆盖方式,以保证用户的移动性和业务连续性为目标,为用户提供无缝的高速业务体验。该场景的主要挑战在于随时随地(包括小区边缘、高速移动等恶劣环境)为用户提供100 Mbit/s以上的用户体验速率。

**2. 热点高容量场景**

热点高容量场景主要面向局部热点区域,为用户提供极高的数据传输速率,满足网络极高的流量密度需求。1 Gbit/s用户体验速率、数十 Gbit/s峰值速率和数十 Tbit/s/km² 的流量密度需求是该场景面临的主要挑战。

**3. 低功耗大连接场景**

低功耗大连接场景主要面向智慧城市、环境监测、智能农业和森林防火等以传感和数据采集为目标的应用场景,具有小数据包、低功耗和海量连接等特点。这类终端分布范围广、数量众多,不仅要求网络具备超千亿连接的支持能力(满足每平方千米100万连接数密度指标要求),而且还要保证终端的超低功耗和超低成本。

**4. 低时延高可靠场景**

低时延高可靠场景主要面向车联网、工业控制等垂直行业的特殊应用需求,这类应用对时延和可靠性具有极高的指标要求,需要为用户提供毫秒级的端到端时延和接近100%的业务可靠性保证。

# 1.5　5G 面临的挑战

如需要满足未来应用和技术场景,5G 将在频率资源和技术等方面面临巨大挑战。

**1. 频率资源挑战**

(1) 分配足够的频段支持业务发展

为了满足未来 1 000 倍甚至更多的流量增长,单靠技术进步带来增益是有限的,需要寻求更多的无线移动通信频段,以满足 2020 年及以后无线移动通信市场发展需要。国联电联无线电通信部门(ITU-R)预测未来移动通信频率需求量为 1 490～1 810 MHz,而目前各国分配的可用频率通常在几百 MHz 量级。适合国际移动通信(International Mobile Telecommunications,IMT)发展的无线电频段已经分配给其他各种无线业务系统,协调多个无线电业务部门为 IMT 分配足够的频谱资源是未来几年 IMT 产业界面临的一个巨大挑战。

(2) 灵活的频率使用和无线电规则的调整

目前,无线电监管主要采用固定频率分配政策,一方面新的频率需求不断涌现,无线系统很难分配到所需的频谱资源,另一方面已经分配的频谱资源利用率不高,存在高度的频率使用不均衡性。所以,有必要开展更灵活的频率使用技术以及政策研究,提高频率利用的效率。

对于智能频率利用,除需要技术上持续不断地研究和完善外,还需要考虑无线电频率使用以及监管规则的调整与变化。国际电信联盟(国际电联)需要协调各国政府和无线电部门,共同研究并制订更加灵活的无线频率使用规则,以及频率共享和交易模式,通过经济杠杆鼓励频率的高效利用。

**2. 技术挑战**

(1) 系统和技术融合的挑战

随着芯片技术的提升和智能终端的快速发展,各种智能设备的功能逐渐拓展并相互融合,如传统手机正在被功能丰富的智能终端替代,配备高性能处理能力和操作系统的智能手机,具有和传统电脑通信的功能;新的平板电视、数码照相机等电子消费品也逐渐增加了处理器模块、通信模块和智能操作系统,演变为智能数码设备;广播电视网络、固定宽带网络、无线宽带接入和移动通信系统,甚至卫星移动通信系统等多个系统通过终端设备和应用正在逐渐融合。未来的 5G 网络将是一个多业务、多接入技术和多层次覆盖的系统。如何将多业务网络、多接入技术以及多层次覆盖的网络有机融合并合理利用,为用户提供最佳的业务体验、为运营商提供最强的网络能力、达到最优化的资源利用和长远的利润增长,是一项重要的技术挑战。

(2) 容量和频谱效率提升的挑战

1 000 倍的流量需求,100 倍以上连接器件数目,任何地方、任何时间 10 Mbit/s 甚至 100 Mbit/s 的速率体验保证等 5G 高目标的提出,需要通过采用增加频率、提升空口效率、提升系统覆盖层次和站点密度等各种技术手段。基于未来数据业务主要分布在室内和热点地区的特点,采用超密集部署成为满足未来流量需求的主要方法。同时,通过采用先进的空口传输技术,如新型的多天线技术、多址技术、调制和编码等,可极大提升空口频谱效率,成为 5G 技术的重要研究方向。这些新型传输技术和组网方式,将伴随着设备实现复杂度、设备研发成本、网络建设和运营维护等重大挑战。

(3) 物联网和业务灵活性的挑战

随着 IMT 向更多行业的渗透以及物联网的广泛使用,IMT 系统需要支持的业务范围和业务灵活性提升。从信息速率来看,既需要支持几十个小时甚至更长时间才突发一些小数据包的抄表业务,也需要支持 3D 全息实时会议这类大带宽业务。从延迟来看,既需要支持对延迟不敏感的背景下载业务,也需要支持延迟要求 5 毫秒以下的即时控制类业务。从移动速度来看,既需要支持静止和低速的场景,也需要支持高铁甚至航空器的高速和超高速场景。基于统一的通信协议标准设计,支持广泛的业务灵活性,对未来 IMT 系统协议和技术设计都带来挑战。另外,物联网应用还涉及系统容量、设备成本、设备节电等各方面的挑战。

(4) 网络能耗与成本降低的挑战

在 5G 时代,同一运营商拥有多张不同制式网络的状况将长期存在,多制式网络将至少包括 4G、5G 和 WLAN。如何高效地运行和维护多张不同制式的网络、不断减少运维成本、实现节能减排和提高竞争力是每个运营商都要面临和解决的问题。

特别是在未来网络在提供 1 000 倍流量的情况下,需要保持网络总体能耗和整体成本基本不增加,这相当于需要提升端到端比特能耗效率 1 000 倍,降低单位比特开销 1 000 倍,这对网络架构、空口传输、交换路由、内容分发、网络管理、网络规划和优化等各个方面的技术和协议设计带来巨大的挑战。

(5) 终端方面的挑战

随着技术的不断进步,2020 年无线网络将进入泛技术时代,可以预见未来的终端需要支持 5～10 个甚至更多不同的无线通信技术,如中国移动目前提出 TD-LTE/FDD-LTE/TD-SCDMA/GSM/WCDMA 5 模 13 频终端的需求,加上智能终端上常有的 Wi-Fi、红外、蓝牙、FM 收音机等,高端智能终端已经支持 10 个以上的无线电技术。与 4G 终端相比,面对多样化场景的需求,5G 终端将沿着形态多样化与技术性能差异化方向发展。5G 初期的终端产品形态以 eMBB 场景下手机为主,其余场景(如 uRLLC 和 mMTC)的终端规划将随着标准与产业的成熟而逐步明朗。

5G 的多频段大带宽接入以及高性能指标对终端实现提出了天线、射频等方面的新挑战。从网络性能角度来看,未来 5G 手机在 sub-6 GHz(6GHz 以下)频段可首先采用两发四收(2 Transmiter 4 Receiver,2T4R)作为收发信机基本方案。天线数量增加将引起终端空间与天线效率问题,须对天线设计进行优化。对 sub-6 GHz 频段的射频前端器件须根据 5G 新需求(如高频段、大带宽、新波形、高发射功率和低功耗等)进行硬件与算法优化,进一步推动该频段射频前端产业链发展。

要实现低成本多模终端,待机时间达到现有时间的 4～5 倍,空口速率达到 1 Gbit/s并能较长时间的使用,对终端芯片,工艺、射频以及器件,电池技术等各方面提出了挑战。

(6)高速率需求对承载技术的挑战

5G 网络带宽相对 4G 预计有数十倍以上增长,导致承载网速率需求急剧增加, 25G/50G 高速率将部署到网络边缘,25G/50G 光模块低成本实现和 WDM 传输是承载网的一大挑战;uRLLC 业务提出的毫秒量级超低时延要求则需要网络架构的扁平化和移动边缘计算(Mobile Edge Computing,MEC)的引入以及站点的合理布局,微秒量级超低时延性能是承载设备的另一个挑战;5G 核心网云化及部分功能下沉、网络切片等需求导致 5G 回传网络对连接灵活性的要求更高,如何优化路由转发和控制技术、满足 5G 承载网络由灵活性和运维便利性需求是承载网的第三个挑战。

(7)产业生态对网络架构和管控理念的挑战

现有无线移动通信系统以网络运营商为主体,其网络架构、管控理念等并不一定适应未来业务应用为主的产业生态结构和潜在的新兴运营模式。5G 网络承载的业务种类繁多,业务特征各不相同,对网络要求也不同。业务需求多样性给 5G 网络规划和设计带来了新的挑战,包括网络功能、架构、资源和路由等多方面的定制化设计挑战。5G 网络将基于 NFV/SDN、云原生技术实现网络虚拟化和云化部署,面临着用户面转发性能待提升、安全隔离技术待完善等方面的挑战。5G 网络基于服务化架构设计,通过网络功能模块化、控制和转发分离等使能技术,可以实现网络按照不同业务需求快速部署、动态的扩缩容和网络切片的全生命周期管理,包括端到端网络切片的灵活构建、业务路由的灵活调度、网络资源的灵活分配以及跨域、跨平台、跨厂家,乃至跨运营商(漫游)的端到端业务提供等,这些都给 5G 网络运营和管理带来新的挑战。

# 1.6　5G 标准化组织

5G 研究和标准化制定大致经历四个阶段。第一阶段(2012 年):该阶段主要为 5G 基本概念的提出;第二阶段(2013—2014 年):该阶段主要关注 5G 愿景与需求、应用场景和关键能力;第三阶段(2015—2016 年):该阶段主要关注 5G 的定义,开展 5G 关键技术研究和验证工作;第四阶段(2017—2020 年):该阶段主要开展 5G 标准方案的制定和系统试验验证。

在标准化方面,5G 国际标准的制定主要在 ITU 和 3GPP 两大标准化组织中进行。其中,ITU 的工作重点在于制定 5G 系统需求、关键指标以及性能评价体系,在全球征集 5G 技术方案,开展技术评估,确认和批准 5G 标准,不做具体的技术和标准化规范制定工作。3GPP 作为全球各通信主要产业组织的联合组织,从事具体的标准化技术讨论和规范制定,并将制定好的标准规范提交给 ITU 进行评估,当满足 ITU 的 5G 指标后将被批准为全球 5G 标准。

**1. ITU**

ITU 是主管信息通信技术事务的联合国机构,负责分配和管理全球无线电频谱与卫星轨道资源,制定全球电信标准,向发展中国家提供电信援助,促进全球电信发展。

国际电联总部设于瑞士日内瓦,其成员包括 193 个成员国和 700 多个部门成员,以及部门准成员和学术成员。每年 5 月 17 日是世界电信日(World Telecommunication Day)。2014 年 10 月 23 日,赵厚麟当选国际电信联盟新一任秘书长,成为国际电信联盟 150 年历史上首位中国籍秘书长。

ITU 的组织结构主要分为电信标准化部门(ITU-T)、无线电通信部门(ITU-R)和电信发展部门(ITU-D),另设电信展览部负责举办重大展会活动、高层论坛和内容多样的其他活动。ITU 每年召开一次理事会,每四年召开一次全权代表大会、世界电信标准大会和世界电信发展大会,每两年召开一次世界无线电通信大会。ITU 的简要组织结构如图 1.6.1 所示。

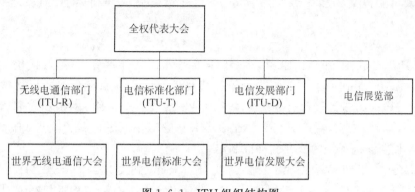

图 1.6.1　ITU 组织结构图

ITU-R WP5D 是 ITU 中专门负责地面移动通信业务的工作组。2010 年,4G 标准之争刚落下帷幕,WP5D 就启动了面向 2020 年的业务发展预测报告起草工作,以支撑未来 IMT 频率分配和后续技术发展需求,5G 的酝酿工作开始启动。

根据 ITU 工作计划,5G 标准化整体分为三个阶段。第一阶段为前期需求分析阶段,开展 5G 的技术发展趋势、愿景、需求等方面的研究工作,WP5D 除了完成频率相关工作外,还启动了面向 5G 的愿景与需求建议书开发,面向后 IMT-Advanced 的技术趋势研究报告工作,以及 6 GHz 以上频段用于 IMT 的可行性研究报告。面向未来 5G 的频率、需求和潜在技术等前期工作在 ITU 全面启动并开展。2014 年,WP5D 制定了初步 5G 标准化工作的整体计划,并向各外部标准化组织发送了联络函。在 2015 年 6 月举行的 ITU-R WP5D 第 22 次会议上,ITU 完成了 5G 发展史上的一个重要里程碑,确定了 5G 的名称、愿景和时间表等关键内容。会议通过了三项 ITU-R 决议:规定了后续开展 IMT-2020 技术研究所应当遵循的基本工作流程和工作方法;强调 ITU-R 在推动 IMT 持续发展中的作用;正式将 5G 命名为"IMT-2020"。端到端系统的大多数其他变革(既包括核心网络内的,也包括无线接入网络内的)也将会成为未来 5G 网络的一部分。移动通信市场中,IMT-Advanced(包括 LTE-Advanced 与 WMAN-Advanced)系统之后的系统即为"5G"。

第二阶段为准备阶段(2016—2017 年),完成需求制定,技术评估方案,以及提交模板和流程等,并发出技术征集通函。ITU-R 确定未来的 5G 具有以下三大主要的应用场景:增强型移动宽带、超高可靠与低延迟的通信、大规模机器类通信,具体包括:Gbit/s 移动宽带数据接入、智慧家庭、智能建筑、语音通话、智慧城市、三维立体视频、超高清晰度视频、云工作、云娱乐、增强现实、行业自动化、紧急任务应用和自动驾驶汽车等。

第三阶段为提交和评估阶段(2018—2020 年),完成技术方案的提交、性能评估,以及可能提交的多个方案融合等工作,并最终完成详细标准协议的制定和发布。

**2. 3GPP**

3GPP 成立于 1998 年 12 月,多个电信标准组织伙伴签署了《第三代伙伴计划协议》。3GPP 最初的工作范围是为第三代移动通信系统制定全球适用技术规范和技术报告。第三代移动通信系统基于的是发展的 GSM 核心网络和它们所支持的无线接入技术,主要是 UMTS。随后,3GPP 的工作范围得到了改进,增加了对 UTRA 长期演进系统的研究和标准制定。

3GPP 的组织结构中,最上面是项目协调组(PCG),由 ETSI、TIA、TTC、ARIB、TTA 和 CCSA 6 个组织伙伴(Organizational Partner,OP)组成,对技术规范组(TSG)进行管理和协调。3GPP 共分为 4 个 TSG(之前为 5 个 TSG,后 CN 和 T 合并为 CT),分别为 TSG GERAN(GSM/EDGE 无线接入网)、TSG RAN(无线接入网)、TSG SA(业务与系统)和 TSG CT(核心网与终端)。每一个 TSG 又分为多个工作组,如负责 LTE 标准化的 TSG RAN 分为 RAN WG1(无线物理层)、RAN WG2(无线层 2 和层 3)、RAN WG3(无线网络架构和接口)、RAN WG4(射频性能)和 RAN WG5(终端一致性测试)5 个工作组。如图 1.6.2 所示。

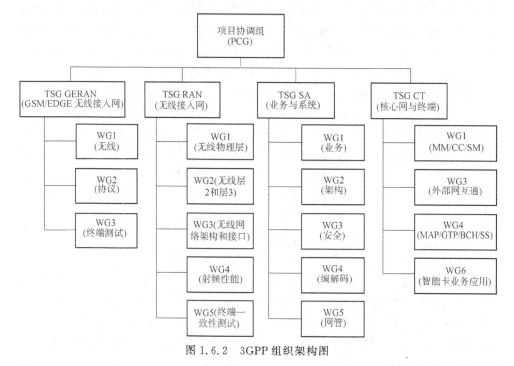

图 1.6.2　3GPP 组织架构图

3GPP 的会员包括三类：组织伙伴、市场代表伙伴和个体会员。3GPP 的组织伙伴包括日本的 ARIB、美国的 ATIS、中国通信标准化协会 CCSA、欧洲的 ETSI、印度的 TSDSI、韩国的 TTA 和日本的 TTC。3GPP 市场代表伙伴不是官方的标准化组织，它们是向 3GPP 提供市场建议和统一意见的机构组织，包括全球移动通信供应商协会（The Global Mobile Suppliers Association）GSM 协会、UMTS 论坛、IPv6 论坛、5G 美国（5G Americas）和小站论坛（Small Cell Forum）等在内的 17 个组织机构。

3GPP 制定的标准规范以 Release 作为版本进行管理，自 2000 年 3 月完成的 R99 版本开始，平均 1～2 年就会完成一个版本的制定。2008 年 12 月发布的 R8 的版本为 3GPP 第一次发布的 LTE（Long Term Evolution，长期演进）标准，即目前主流的商用技术 4G；根据 3GPP 工作计划，R14 主要开展 5G 系统框架和关键技术研究；R15 作为第一个版本的 5G 标准，满足部分 5G 需求；R16 完成全部标准化工作，于 2020 年初向 ITU 提交满足 ITU 需求的方案。

3GPP 的标准化工作主要由 RAN、SA 和 CT 等工作组开展。其中，负责接入网与空口标准化的工作组 RAN 在 2015 年 9 月召开了 5G 研究的研讨会（Workshop），后续制订了具体的工作计划。3GPP 确定从 2016 年 3 月启动 5G NR 研究和标准化制定工作，到 2019 年 12 月完成所有标准规范，持续 R14、R15 和 R16 三个版本。3GPP 将于 2018 年第 3 季度向 ITU-R 提交第一个基于 R15 版本的初步 5G 技术方案，该版本主要包括基本的 eMBB 和 uRLLC 两个应用场景的技术协议，以及核心网架构和协议，支持基于 5G 新空口的独立组网以及 LTE 和 NR 联合组网的方式；并于 2019 年提交基于 R16 的全面满足 5G 需求的增强型版本，包括三个应用场景以及性能增强。目前，3GPP 已完成 5G 第一个版本规范 R15 的标准化工作。

在网络架构和核心网方面，2016 年，负责系统需求定义的 SA1 工作组完成了 5G 系统及业务需求的定义，负责系统架构设计的 SA2 工作组完成了 5G 系统架构的研究。截至 2017 年年底，SA2 完成了 5G 系统第一阶段的标准制定工作，发布了 5G 系统架构、5G 系统流程、策略和计费控制框架这三个方面的标准。CT 各工作组同期积极展开了协议详细设计工作，并于 2018 年 6 月发布了 32 个接口及协议的规范，标志着 R15 版本规范工作全部完成。R15 版本制定主要面向 eMBB 和 uRLLC 两类场景，主要包括构筑 NR 技术框架和网络架构，设计行业应用基础。R16 版本将面向 5G 完整业务，在持续提升 NR 核心技术指标的同时加强行业数字化建设。目前，R16 的工作已经全面展开，预计 5G 系统第二阶段的标准制定工作将于 2019 年完成。

# 1.7　5G 商业化进程

**1. 全球商业化进程**

由于市场需求的推动和技术的进步,通信行业正在积极推进 5G 技术向着商业化方向进展,投资 5G 技术的运营商数量大幅增长。涉及全球各大洲的通信运营商都已经宣布参与 5G 技术示范、实验室测试和外场试验。许多电信运营商已经宣布了推出 5G 服务的正式计划:2018 年 12 月 1 日,韩国电信运营商(SK 电信、KT 和 LG U+)宣布全球首个基于 3GPP 标准的 5G 网络正式商用。5G 已经正式走上历史舞台。

根据全球移动运营商联盟(Global mobile Suppliers Association,GSA)统计,截至 2018 年 11 月,全球已有 81 个国家的 192 家运营商正在积极地投资 5G 技术,包括 5G 技术的技术验证、现场试验或者正在组建 5G 技术的试验网。正在探索的关键技术包括新的无线接口、网络切片和大规模 MIMO,以及实现低时延性能的移动回传网络、云计算和边缘计算等技术。目前正在投资 5G 的运营商分布情况如图 1.7.1 所示。

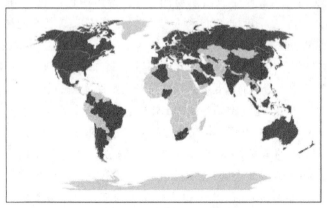

图 1.7.1　5G 网络运营商分布示意图(截至 2018 年 11 月)

针对 5G 的频率使用,世界各地的监管机构正在致力于 5G 频谱的拍卖或者分配计划。同时,运营商已经在候选频谱开始了 5G 的试验工作。

根据 GSA 的统计,图 1.7.2 显示了目前 5G 试验网采用的频段统计。由于有些试验网采用了多个频段,因此虽然从数量上看,目前使用 28 GHz 频段的试验网最多,但是从频段范围来看,3 300~3 800 MHz 的频段范围是目前试验网选择最多的频率范围。

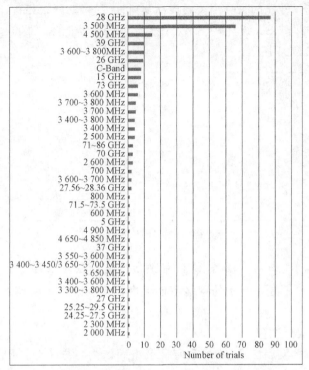

图 1.7.2　5G 试验网采用频段统计（截至 2018 年 11 月）

　　从试验结果来看,5G 的下行峰值速率是人们最关心的性能指标之一。根据 GSA 统计,大部分的试验网已经超过了 1 Gbit/s 的性能指标要求,试验指标更多的集中于下行峰值速率在 1～4.99 Gbit/s 的范围内,甚至有些超过了 100 Gbit/s 的下行吞吐量。对于更高性能的测试,将在后续的工作中进行开展。

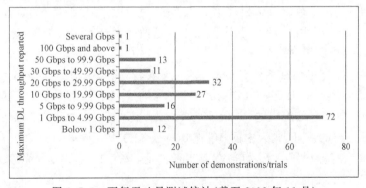

图 1.7.3　下行吞吐量测试统计（截至 2018 年 11 月）

低延迟是 5G 性能的另一个关键指标,与目前的移动网络相比,5G 网络有望大幅降低延迟。根据 GSA 统计,大多数试验(已经报告了数据)的延迟在 1~1.99 毫秒之间。如图 1.7.4 所示。

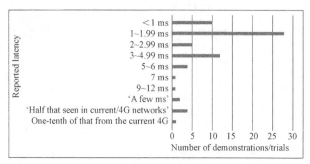

图 1.7.4    延迟指标测试统计(截至 2018 年 11 月)

值得说明的是,由于网络吞吐量,延迟指标等网络指标涉及了不同的数据配置,而且现场试验不是在真实的网络条件下进行。所以真实的性能还需要进一步测试验证。

**2. 中国商业化进程**

面对 5G 新的发展机遇,我国政府积极组织国内各方力量,开展国际合作,共同推动 5G 国际标准发展。中国是全球积极发展 5G 的国家之一。

2018 年 9 月,IMT-2020(5G)推进组 5G 试验工作组发布了 5G 技术研发试验第三阶段的最新测试进展。经过第一阶段关键技术的验证和第二阶段技术方案的验证,目前已经进入系统组网的验证环节。该阶段的主要工作目标为制定规范指导整个 5G 的预商用和商用产品的研发,同时要开展单系统、单终端以及组网和互操作方面的测试,开展 5G 典型应用的融合实验。在 5G 试验中,通过 MTNET 实验室和怀柔外场,已经建设了超过 100 个基站,重点测试基站部分和核心网功能。

面对 2020 年商用试验规划,中国三大运营商已经开始积极部署,进行 5G 技术与应用方面的预商用网络建设。

2017 年,中国电信在兰州、成都、深圳、雄安、苏州和上海六个城市启动 5G 创新示范网;2017 年 10 月起,中国电信陆续在深圳等多个城市开通 5G 基站。在网络架构层面,中国电信提出的“三朵云”(接入云、控制云、转发云)5G 网络架构得到国家 5G 推进组的认可,成为中国 5G 架构的基准方案。同时,中国电信还聚焦商业场景与垂直行业应用,联合打造商业创新高地,发力典型应用场景(如 AR/VR、无人机、8K 和车联网)。

2018 年,中国移动开始在杭州、广州、上海、苏州和武汉建设 5G 规模试验网络,目前已经完成了非独立组网的外场测试工作。同时,中国移动同步进行独立组网的实验室的测试,即将进行独立组网的外场测试。目前采用的基站设备为支持 192 天线,64 收发通道的大规模天线产品,发射功率 200 W,可支持 100 MHz 带宽,可实现 2 Gbit/s 以上的小区峰值速率,多用户峰值吞吐量可达到 4 Gbit/s。在 5G 应用方面,中国移动即将在 12 个城市开展九大类的 5G 应用示范,包括医疗、人工智能、交通、教育、工业制造、5G 8K 高清视频业务、车联网和智能电网等应用,开始 5G 新业务、新应用和新的商业模式的探索。

2018 年,中国联通已经在 16 个城市陆续开启了 5G 规模试验;2019 年,中国联通将进行 5G 业务规模示范应用及试商用,并在 2020 年正式商用。目前,5G 试验涉及规模组网测试、应用生态孵化、业务体验宣传等多场景 5G 试验网络。前期聚焦 eMBB(增强移动宽带),为高清视频、VR/AR 游戏娱乐、车载影音和智能家庭等大流量、高带宽应用提供全方位的网络支持。后续将结合技术标准和生态系统的发展进程,积极引入 uRLLC(低时延、高可靠)和 mMTC(海量机器类通信)技术,提供车联网和工业互联网等垂直行业的数字化转型支持。

2018 年 12 月,工业和信息化部批准了三大运营商的全国范围 5G 中低频段试验频率使用许可。其中,中国电信获得 3 400～3 500 MHz 共 100 MHz 带宽的 5G 试验频率资源;中国移动获得 2 515～2 675 MHz、4 800～4 900 MHz 频段的共 260 MHz 带宽 5G 试验频率资源,其中 2 515～2 575 MHz、2 635～2 675 MHz 和 4 800～4 900 MHz 频段为新增频段,2 575～2 635 MHz 频段为重耕中国移动现有的 TD-LTE(4G)频段;中国联通获得 3 500～3 600 MHz 共 100 MHz 带宽的 5G 试验频率资源。

2019 年 6 月 6 日,工业和信息化部正式向中国电信、中国移动、中国联通和中国广电发放 5G 商用牌照,批准四家企业经营“第五代数字蜂窝移动通信业务”。中国正式进入 5G 商用元年。

5G 时代,已经到来。

# 第 2 章　5G 关键技术

5G 技术创新主要来源于无线技术和网络技术两方面。在无线技术领域,大规模天线阵列、高效空口多址接入技术、新型信道编码、同频同时全双工和终端间直通传输等技术已成为业界关注的焦点。

## 2.1　大规模天线阵列

大规模天线阵列(Massive MIMO)是 5G 中提高系统容量和频谱利用率的关键技术,它最早由美国贝尔实验室的研究人员提出。研究发现,当小区的基站天线数目趋于无穷时,加性高斯白噪声和瑞利衰落等负面影响全都可以忽略不计,数据传输速率能得到极大提高。大规模天线阵列技术是以多入多出(Multiple Input Multiple output,MIMO)技术为基础的,MIMO 技术为 4G 网络的核心技术。根据 5G 的性能要求、数据用户数和每用户速率需求将显著增加,基站使用几十根,甚至上百根天线组成超大规模阵列,进一步扩展了对空间域的需求。

**1. MIMO 技术**

MIMO 是指在发送端有多根天线,接收端也有多根天线的通信系统。一般将在发射端和接收端中的某一端拥有多天线的多入单出(MISO)和单入多出(SIMO)也看作是 MIMO 的一种特殊情况。

图 2.1.1 所示为四种基本的无线信号发射-接收模型,每个箭头表示两根天线之间所有信号路径的组合,包括至少应存在一条的直接视线(line-of-sight,LOS,又称视距)路径,以及可能由于周围环境的反射、散射和折射而产生的大量多径信号。图中包含:SISO(Single Input Single Output),SIMO(Single Input Multiple Output),MISO(Multiple Input Single Output),MIMO(Multiple Input Multiple Output)。其中,后三种技术通常称为多天线技术。

一般所说的 MIMO 通常指两个或多个发射天线和两个或多个接收天线的模式。该模式并非 MISO 和 SIMO 的简单叠加,因为多个数据流在相同频率和时间

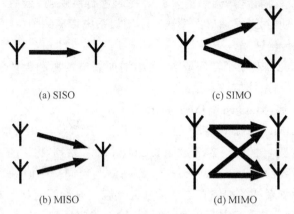

图 2.1.1　无线信号发射-接收模型

被同时发射,所以充分利用了无线信道内不同路径的优势。MIMO 系统内的接收器数必须不少于被发射的数据流数。

MIMO 技术利用空间信道的分集技术,在发射端和接收端均设置多个天线,通过空时处理技术对无线信号进行处理,获取分集增益或复用增益,以提高无线系统传输的可靠性和频谱利用率,从而改善通话质量。

（1）空间分集

空间分集主要是利用空间信道的弱相关性,结合时间或频率上的选择性,为信号的传递提供更多副本,以提高信号传输的可靠性,从而改善接收信号的信噪比。

在低速移动通信的场景中,多径效应与时变性可导致信号相位叠加后畸变失真,从而使得接收端无法正确解调。应用空间分集技术可以为接收机提供其他衰减程度较小的信号副本,其基本原理是将接收端多个不相关的信号按一定规则合并起来,使得组合后能还原信号本身。

空间分集技术可以分为发射分集和接收分集两种。发射分集就是在发射端使用多幅发射天线发射相同的信息,接收端获得比单天线高的信噪比。接收分集则是多个天线接收来自多个信道的承载同一信息的多个独立的信号副本,由于信号不可能同时处于深衰落情况中,因此在任一给定的时刻至少可以保证有一个强度足够大的信号副本提供给接收机使用。

（2）空间复用

空间复用是一种利用空间信道弱相关性的技术,其主要工作原理是在多个相互独立的空间信道上传输不同的数据流,从而提高数据传输的峰值速率。

空间复用是基于多码字的同时传输,即多个相互独立的数据流映射到不同的层;对于来自上层的数据,首先进行信道编码,形成码字;然后对不同的码字进行调制,产生调制符号;再将这些调制信号组合一起进行层映射;最后对层映射后的数据进行预编码,映射到天线端口上发送。不增加系统带宽的前提下,空间复用可以成倍地提高系统传输速率。

MIMO 技术充分利用了空间资源,在不增加频谱资源和天线发射功率的情况下,可以成倍地提高系统信道容量。

**2. 大规模天线(Massive MIMO)技术**

在大规模 MIMO 系统中,基站通常配置几十、几百甚至几千根天线,高于现有 MIMO 系统天线数目的 $1\sim2$ 个数量级以上,而基站所服务的用户设备(User Equipment,UE)数目远少于基站天线数目;基站利用同一个时频资源同时服务若干个 UE,充分发掘系统的空间自由度。从而增强了基站同时接收和发送多路不同信号的能力,大大提高了频谱利用率、数据传输的稳定性和可靠性。

与传统的 MIMO 相比,Massive MIMO 的不同之处主要在于——天线趋于很多(无穷)时,信道之间趋于正交。系统的很多性能都只与大尺度相关,与小尺度无关。基站几百根天线的导频设计需要耗费大量时频资源,所以不能采用基于导频的信道估计方式。TDD(时分双工)可以利用信道的互易性进行信道估计,不需要导频进行信道估计。

在继承传统的 MIMO 技术基础上,利用空间分集 Massive MIMO 在能量效率、安全、鲁棒性和频谱利用率上都有显著的提升。

MIMO 信道可以等效为多个并行的子信道,系统容量与各个子信道的特征值有关。如果发射机能提前通过某种方式获得一定的信道状态信息(Channel State Information,CSI),就可以通过一定的预处理方式对各个数据流的功率、速率甚至发射方向进行优化,并有可能通过预处理在发射机预先消除数据流之间的部分或全部干扰,以获得更好的性能。这就是所谓的预编码技术。

在预编码系统中,发射机可以根据信道条件,对发送信号的空间特性进行优化,使发送信号的空间分布特性与信道条件相匹配,以降低对算法的依赖程度,获得较好的性能。预编码可以采用线性或非线性方法,目前无线通信系统中只考虑线性方式,线性方式处理时所采用的矩阵被称为预编码矩阵。

大规模天线阵列技术的常用预编码方案包括全数字预编码方案、全模拟预编码方案和混合预编码方案三种。全数字预编码方案是对多用户干扰进行控制,如全数字追零(zero-force,ZF)和全数字匹配滤波(matched filter,MF)。当信道衰落服从独立同分布时,全数字匹配滤波预编码方案可以最低的计算复杂度获得最佳的性能。但是该方案要求射频链路数等于发射天线数,也就意味着基站需要配有成百上千的射频链路。这样的要求在实际工程中会导致成本太高,能耗太高是不能被满足的。相对而言,全模拟预编码方案,射频链路数等于独立数据流数,容易在实际场景中实现,但是由于该方案存在旁瓣干扰,导致性能较差。

混合预编码方案为全数字预编码方案和全模拟预编码方案的折中方案,也是目前业界研究的热点。混合预编码方案由数字预编码和模拟预编码两部分组成(如图 2.1.2 所示),其所需的射频链路数大于或等于独立数据流数,但小于或等于 2 倍的独立数据流数,能逼近全数字预编码方案的性能。

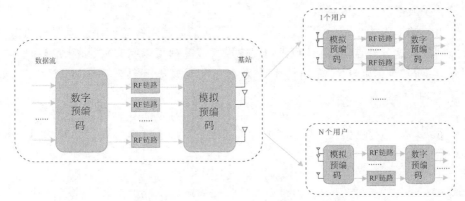

图 2.1.2　Massive MIMO 混合预编码方案

### 3. 毫米波大规模天线阵列

高网络容量和高传输速率是 5G 移动通信技术的基本要求,在实现这两个要求时必须要求 5G 移动通信网络具有较多的频谱资源。当前低频谱资源已经逐渐趋于饱和状态,而毫米波通信有十分丰富的频谱资源,能够实现 5G 移动通信系统在容量和传输速率上的要求,是满足 5G 移动通信需求的有效解决方案之一。

波长从 1~10 毫米、频率从 30~300 GHz 的电磁波称为毫米波。毫米波频谱资源丰富且具有国际通用性,可以分配更大的带宽;毫米波上不同频段的相对距离更近,使得不同频段具有相近的性质,利于信道估计;毫米波空间传输损耗大但抗干扰能力强。由于自由空间的传播损耗与载波频率的平方成正比,因此毫米波通信的传播损耗远高于低频段通信,但同时此特性也可以有效减少同频干扰。

毫米波波长的特性使其遇到障碍物的衍射效果差,穿透物体的能力弱,容易造成阻挡效应,因此毫米波在蜂窝移动通信系统中的传播受到了很大的限制。对于工作在毫米波频段的通信系统,如何保证链路质量是毫米波通信将面临的巨大挑战。由于大规模的天线阵列的增益可以克服路径损耗并建立可靠的链路连接,同时大规模天线阵列可以进行多数据流的预编码,这种预编码方式可以增加频谱利用率从而达到更高的系统容量,因此将毫米波与大规模天线阵列结合能弥补毫米波技术本身缺陷的同时,可以进一步提升系统的传输速率。

根据阵列所用天线的不同,毫米波大规模天线阵列技术可以分成两种——基于透镜天线阵列和基于射频天线阵列技术。基于透镜天线的阵列技术采用经过精心设计的离散透镜天线阵列,起到空域离散傅立叶变化的作用。在毫米波传播环境中,由于毫米波本身易被散射体吸收,不易被散射体反射,导致散射簇的数量十分有限,波束空间信道呈现一种稀疏性,即有效波束的个数比较少。合适的波束选择算法可以在保证一定系统性能的情况下,使得需要工作的辐射器数量骤减,从而大大减少所需的射频链路数。

由于透镜天线生产效率低,不易构造,限制了透镜天线的使用。而普通的射频天线则没有这种缺点,且由其组成的大规模天线阵列可以拥有较小的旁瓣和后瓣,因此,目前基于射频天线阵列技术成为毫米波大规模天线阵列的主流技术。如图 2.1.3 所示。

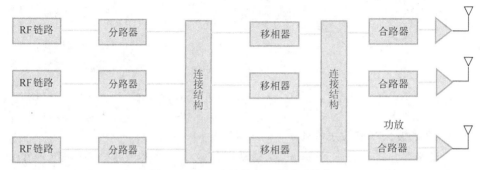

图 2.1.3　毫米波射频天线阵列结构

射频天线阵列的结构主要有四种,分别是全连接结构(fully-connected architecture)、子阵列结构(array-of-subarray architecture)、过载子阵列结构(overlapped subarray architecture)和自适应子阵列结构(adaptive array-of-subarray architecture)。

**4. 信道估计**

在移动通信系统中,信号传输的有效性依赖于信道状态信息(Channel State Information,CSI)的准确性。然而,在 Massive MIMO 系统中,基站侧天线数以及小区内用户数目的增加,导致信道状态信息的获取及准确性成为关键性问题。

在现有的移动通信系统中,信道估计算法可以按照输入数据的类型划分为时域和频域两大类方法。频域方法主要针对多载波系统;时域方法适用于所有单载波和多载波系统,其借助于参考信号或发送数据的统计特性,估计衰落信道中各多径分量的衰落系数。从信道估计算法先验信息的角度,则可分为以下三类。

(1) 基于参考信号的估计

该类算法按一定估计准则确定待估参数,或者按某些准则进行逐步跟踪和调整待估参数的估计值。其特点是需要借助参考信号,即导频或训练序列。基于训练序列和导频序列的估计统称为基于参考信号的信道估计算法。基于训练序列的信道估计算法适用于突发传输方式的系统。通过发送已知的训练序列,在接收端进行初始的信道估计,当发送有用的信息数据时,利用初始的信道估计结果进行一个判决更新,完成实时的信道估计。基于导频符号的信道估计适用于连续传输的系统。通过在发送的有用数据中插入已知的导频符号,可以得到导频位置的信道估计结果;接着利用导频位置的信道估计结果,通过内插得到有用数据位置的信道估计结果,完成信道估计。

(2) 盲估计

利用调制信号本身固有的、与具体承载信息比特无关的一些特征,或是采用判决反馈的方法来进行信道估计的方法。

(3) 半盲估计

结合盲估计与基于训练序列估计这两种方法优点的信道估计方法。一般来说,通过设计训练序列或在数据中周期性地插入导频符号进行估计的方法比较常用;而盲估计和半盲信道估计算法无须训练序列或者需要较短的训练序列,频谱效率高,因此获得了广泛的研究。但是,一般盲估计和半盲估计方法的计算复杂度较高,且可能出现相位模糊(基于子空间的方法)、误差传播(如判决反馈类方法)、收敛慢或陷入局部极小等问题,需要较长的观察数据,这在一定程度上限制了它们的实用性。

**5. 信号检测**

接收信号检测器主要用于在 MIMO 上行链路中恢复多天线的发送信号。由于其针对低功耗且低计算复杂度的接收端设计,因而在最近关于 Massive MIMO 系统的研究中,信号检测算法的性能受到了广泛关注。常用的信号检测算法包括最大似然检测(Maximum Likelihood Detection, MLD)、迫零检测(Zero Forcing Detection, ZFD)、最小均方误差检测(Minimum Mean Square Error Detection, MMSED)和连续干扰消除(Successive Interference Cancellation, SIC)等。

因此,未来研究需要关注以下几个方面。

①为实现高速率数据传输, Massive MIMO 技术对硬件复杂度的要求更高,对功率的消耗更大。因此,降低 Massive MIMO 发射功率将十分必要。

②为增加每个 Massive MIMO 基站服务用户的数量,必须研究导频污染消除等先进技术。

③迫切需要利用更加先进,且性价比更高的非线性预编码器,尤其是在 M 值很大的情况下。

**6. 导频污染消除**

理想情况下, TDD 系统中,上下各个导频符号之间都是相互正交的,这样对于接收端接收到的相邻小区的干扰信号都可以利用正交性在解码时消除,然而在实际 Massive MIMO 系统中,相互正交的导频序列数目取决于信道延迟扩展及信道相干时间,并不能满足天线及用户数量增加带来的导频序列数目需求。用户数量的增加使相邻小区间不同用户采用非正交的(相同的)导频训练序列,从而导致基站对信道估计的结果并非本地用户和基站间的信道,而是被其他小区用户发送的训练序列所污染的估计,进而使基站接收的上导频信息被严重污染。

当存在导频污染时,用户与各个小区基站之间的导频信号非正交,多个导频信号相互叠加,使得基站的信道估计将会产生误差。进而引入了小区间干扰并导致速率饱和效应,导频污染成为限制 Massive MIMO 的关键问题。

导频污染的解决方法主要有以下五点。

①功率调整。最直接的方法是提升主基站的功率,降低其他基站的输出功率,形成一个主导频。但这要全面考虑对全网覆盖影响的情况,若该污染区的最强的 PN 随地点变化很大的话,则不适宜。功率调整方法主要适宜于某个 PN 基本保持在最强的状况。

②天线调整。根据实际路测情况,调整天线的方位、下倾角来改变污染区域的各导频信号强度,从而改变导频信号在该区域的分布状况。调整的原则是增强主导频,减弱干扰导频。这些调整可以与功率调整结合使用。

③改变基站配置。有些导频污染区域可能无法通过上述的调整来解决,此时可以根据具体情况,考虑替换天线型号,改变天线安装位置,改变基站位置,增加或减少基站等措施。这些措施的实施涉及较大的工程变化,因此需要仔细分析。

④采用数字微波收发信机(Outdoor Unit,ODU)或直放站。对于无法通过功率调整、天馈调整等解决的导频污染,可以考虑利用 ODU 或直放站来解决。利用 ODU 或直放站的目的是在导频污染区域引入一个强的信号覆盖,从而降低该区域其他信号的相对强度,降低其他扇区在该点的 Ec/Io,改变多导频覆盖的状况。但要考虑 ODU 及直放站引入对网络质量的影响。

⑤采用微小区。采用微蜂窝的方式也是解决导频污染的一个重要的手段。微蜂窝主要应用于存在话务热点的地区,可以增加容量,同时解决导频污染问题。

# 2.2 高效空口多址接入技术

为了使空中接口的无线信道具有足够的信息传输承载能力,5G 必须在频域、时域和空域等已用信号承载资源的基础上,开辟或叠用其他资源。高效空口多址接入技术通过开发功率域、码域等用户信息承载资源的方法,极大地拓展了无线传输带宽,其中主要的几种候选方案包括:华为公司提出的稀疏码多址接入(Sparse Code

Multiple Access,SCMA)、日本 DoCoMo 公司提出的非正交多址接入(Non Orthogonal Multiple Access,NOMA)、大唐公司提出的图样分割多址接入(Pattern Division MultipleAccess,PDMA)、中兴公司提出的多用户共享接入(Multi User SharedAccess,MUSA)。

### 1. 稀疏码多址接入(SCMA)

SCMA 是码域非正交多址接入技术。发送端将来自一个或多个用户的多个数据层,通过码域扩频和非正交叠加在同一时频资源单元中发送;接收端通过线性解扩和串行干扰删除(Serial interference deletion,SIC)接收机分离出同一时频资源单元中的多个数据层。SCMA 采用低密扩频码,由于低密扩频码中有部分零元素,码字结构具有明显的稀疏性,这也是 SCMA 技术命名的由来。这种稀疏特性的优点是可以使接收端采用复杂度较低的消息传递算法和多用户联合迭代法,从而实现近似多用户最大似然解码。

SCMA 在多址方面主要有低密度扩频和 F-OFDM(Filtered OFDM,自适应正交频分多址)两项重要技术,其中低密度扩频是指频域各子载波通过码域的稀疏编码方式扩频,使其可以同频承载多个用户信号。由于各子载波间满足正交条件,所以不会产生子载波间干扰,又由于每个子载波扩频用的稀疏码本的码字稀疏,不易产生冲突,使得同频资源上的用户信号也很难相互干扰。F-OFDM 技术是指承载用户信号的资源单元的子载波带宽和 OFDM 符号时长,可以根据业务和系统的要求自适应改变,这说明系统可以根据用户业务的需求,专门开辟带宽或时长以满足通信要求的资源承载区域,从而满足 5G 业务多样性和灵活性的空口要求。

假设 SCMA 系统在频域有 4 个子载波,每个子载波扩频用的稀疏码字实际上跨越了 6 扩频码,但每个子载波上只承载了 3 个由稀疏扩频码区分的用户信号,即 3 个稀疏扩频码占用了 6 个密集扩频码的位置。如图 2.2.1 所示,其中灰色格子表示有稀疏扩频码作用的子载波,白色格子表示没有稀疏扩频码作用的子载波,由于 3 个稀疏码字是在 6 个密集码字中选择的,这 3 个码字的相关性极小,而由这 3 个码字扩频的同频子载波承载的 3 个用户信号之间的干扰同样也很小,所以 SCMA 技术具有很强的抗同频干扰性。当然,系统是了解这个稀疏码本的,因而完全可以在同频用户信号非正交的情况下,把不同用户信号解调出来。系统还可通过调整码本的稀疏度来改变频谱效率。

车联网和物联网业务将是 5G 系统最重要的业务。车联网业务要求端到端的时延在 1 毫秒左右,即要求时域的符号时长很小;车联网业务的控制信息丰富,即要求频域的子载波带宽较大。而在物联网业务中,一方面要求系统整体连接的传感器数量较多,另一方面又要求传感器传送的数据量较少,这说明既需要在频域上配置带宽较小的子载波,又需要在时域上配置时长足够大的符号。业务需求说明

5G 系统在时域和频域的承载资源单元上,需要根据接入网络的不同而变化。F-OFDM可为5G 实现频域和时域的资源灵活复用,可以灵活调整频域中的保护带宽和时域中的循环前缀,甚至可以达到最小值,既可提高多址接入效率,又可满足各种业务空口接入要求。

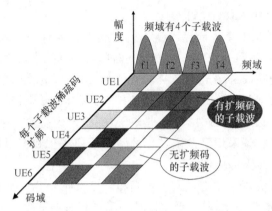

图 2.2.1 低密度子载波扩频示意图

### 2. 非正交多址接入(NOMA)

NOMA 是典型的仅有功率域应用的非正交多址接入技术,也是所有非正交多址接入技术中最简单的一种。由于 NOMA 采用的是多个用户信号功率域的简单线性叠加,对现有其他成熟的多址技术和移动通信标准的影响不大,甚至可以与4G 正交频分多址技术(Orthogonal Frequency Division Multiple Access,OFDMA)简单地结合。在 4G 系统多址接入技术中,每个时域频域资源单元只对应一个用户信号,由于时域和频域各自采用了正交处理方案,所以确定了资源单元就确定了用户信号、确定了通信用户,即消除用户信号间干扰是通过频域子载波正交和时域符号前插入循环前缀实现的。在 NOMA 技术中,虽然时域频域资源单元对应的时域和频域可能同样采取正交方案,但因每个资源单元承载着非正交的多个用户信号,要区别同一资源单元中的不同用户,只能采用其他技术。

图 2.2.2 所示为 NOMA 系统下行链路发收端的信号处理流程。基站中每个时域频域资源单元都承载了 N 个用户信号,为了区分这些用户信号,基站根据各注册用户上报的终端与基站间反映各用户信号传输中信道条件的相关信息,为这些用户发射的下行信号赋予强度不同的发射功率值,信道条件好的用户信号的下行发射功率弱,信道条件差的用户信号的下行发射功率强,从而使得终端设备接收到的信号强度和信噪比(Signal Noise Ratio,SNR)恰好相反,信道条件差的终端接收到的信号的强度和 SNR 高,信道条件好的终端接收到的信号的强度和 SNR 低。根据串行干扰消除(Successive Interference Cancellation,SIC)接收机的原理,终端

接收到 $N$ 个用户信号后,按照先强后弱的顺序,就可以方便、简单、正确地逐次检索出所有用户信号。

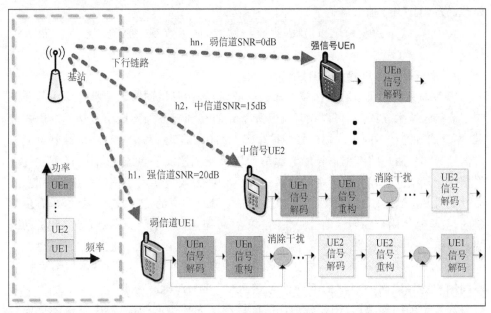

图 2.2.2　NOMA 系统下行链路发收端的信号处理流程

假设在基站某扇区内有 3 个用户 UE1、UE2 和 UE3,它们的信道响应分别为 h1、h2 和 h3,信道对应的信噪比分别为 20 dB、10 dB、0 dB。显然,h1 的信道质量最好、增益最高,因而 SNR 最大;h2 的信道质量中等;h3 的信道质量最差。下面根据 NOMA 原理来分析 NOMA 下行链路中基站和终端侧的基本工作过程。

基站侧:基站在对用户信号进行下行发射功率复用时,由于 3 个用户与基站的信道质量不同,系统根据各自不同的 SNR 和相关算法分配给 UE1 的发射信号功率最弱,UE2 的发射信号功率中等,UE3 的发射信号功率最强。

UE1 侧:当发射功率强度不同的 3 个用户信号同时进入 UE1 的 SIC 接收机时,由于强度高的信号最易被 SIC 接收机感知,若想正确解调出 UE1 信号,终端必先逐次对 UE3 和 UE2 信号解码、重构、删除干扰,并由终端 UE1 根据相关算法不断评估、比较 UE1 信道,在得到最好的 SNR 后,最后解码 UE1 信号并发送到下一级。

UE2 侧:当发射功率强度不同的 3 个用户信号同时进入 UE2 的 SIC 接收机时,终端同样先对 UE3 信号进行解码、重构、删除干扰,并由终端 UE2 根据相关算法不断评估、比较 UE2 信道。由于 UE2 发射信号较强,在对 UE3 处理后,终端就能得到最大的 SNR,所以终端将直接解码 UE2 信号并发送到下一级。

UE3 侧:当发射功率强度不同的 3 个用户信号同时进入 UE3 的 SIC 接收机

时,由于基站发送给 UE3 的信号强度最高,包括发给 UE1、UE2 的信号和其他干扰信号在内的所有信号,都将受到压抑,信道质量的 SNR 很大,所以终端无须其他处理,直接对 UE3 信号解码后送到下一级处理。

NOMA 技术的发送端和接收端的处理过程简单直观、易于实现,是其最大的优点。

### 3. 图样分割多址接入(PDMA)

PDMA 是一种可以在功率域、码域、空域、频域和时域同时或选择性应用的非正交多址接入技术,PDMA 可以在时频资源单元的基础上叠加不同信号功率的用户信号,如叠加分配在不同天线端口号和扩频码上的用户信号,并能将这些承载着不同用户信号或同一用户的不同信号的资源单元用特征图样统一表述,显然这样等效处理将是一个复杂的过程。由于基站是通过图样叠加方式将多用户信号叠加在一起,并通过天线发送到终端,这些叠加在一起的图样,既有功率的、天线端口号的,也有扩频码的,甚至某个用户的所有信号中叠加的图样可能是功率的、天线端口号的和扩频码的共同组合的资源承载体,所以终端 SIC 接收机中的图样检测系统要复杂一些。

图 2.2.3 为 PDMA 下行链路工作原理的基本流程和特征图样的结构模式,当不同用户信号或同一用户的不同信号进入到 PDMA 通信系统后,PDMA 就将其分解为特定的图样映射、图样叠加和图样检测三大模块来处理,其中发送端首先对系统送来的多个用户信号采用易于 SIC 接收机算法的,按照功率域、空域或码域等方式组合的特征图样进行区分,完成多用户信号与无线承载资源的图样映射;其次,基站根据小区内通信用户的特点,采用最佳方法完成对不同用户信号图样的叠加,并从天线发送出去;最后,终端接收到这些与自己关联的特征图样后,根据 SIC 算法对这些信号图样进行检测,解调出不同的用户信号。

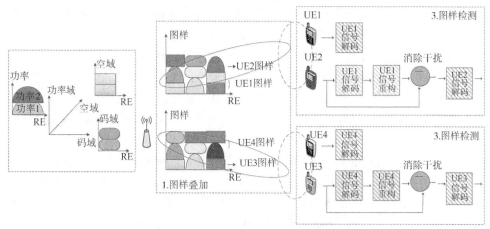

图 2.2.3　PDMA 下行链路工作原理

　　表面上 PDMA 的特征图样是用户信号承载资源的一个统一单位,但本质上这些可以承载用户信号的特征图样却有可能是功率域、空域或码域等基本参量,要想统一管理这些不同参量,必须对它们定义一个统一参数"图样",以方便 PDMA 系统参考。由于承载用户信号的图样之间没有正交性要求,所以 PDMA 的接收端必须使用 SIC 接收机。显然,只要 PDMA 能够简单快捷地换算出功率域、空域和码域与图样之间的关系,系统研究的就只是在相同的时频资源单元叠加和区分不同图样的问题了,原理与 NOMA 基本一样,硬件结构难度并非十分复杂。由于 PD-MA 系统中的图样包括 3 个物理量,理论上 PDMA 的频谱利率和多址容量可以做到 NOMA 的 3 倍以上。

　　PDMA 支持所有信息承载资源的能力,使其具有超强的频谱资源利用率,这是其他技术不可比拟的优势。

### 4. 多用户共享接入(MUSA)

　　MUSA 是典型的码域非正交多址接入技术。相比 NOMA、MUSA 的技术性更高,编码更复杂。与 NOMA 技术相反的是,MUSA 技术主要应用于上行链路。在上行链路中,MUSA 技术充分利用终端用户因距基站远近而引起的发射功率的差异,在发射端使用非正交复数扩频序列编码对用户信息进行调制,在接收端使用串行干扰消除算法的 SIC 技术滤除干扰,恢复每个用户的通信信息。在 MUSA 技术中,多用户可以共享复用相同的时域、频域和空域,在每个时域频域资源单元上,MUSA 通过对用户信息扩频编码,可以显著提升系统的资源复用能力。理论表明,MUSA 算法可以将无线接入网络的过载能力提升 300% 以上,可以更好地服务5G 时代的"万物互联"。

　　终端中 MUSA 为每个用户分配一个码序列,再将用户数据调制符号与对应的码序列通过相关算法使之形成可以发送的新的用户信号,然后再由系统将用户信号分配到同一时域频域资源单元上,通过天线空中信道发送出去,这中间将受到信道响应和噪声影响,最后由基站天线接收到包括用户信号、信道响应和噪声在内的接收信号。接收端,MUSA 先是将所有收到的信号根据相关技术按时域、频域和空域分类,然后将同一时域、频域和空域的所有用户按 SIC 技术分开,由于这些信号存在同频同时用户间干扰,所以系统必须根据信道响应和各用户对应的扩展序列,才能从同频同时同空域中分离出所有用户信号。

　　如图 2.2.4 所示,设在基站同一小区,同一时域、频域和空域上有 3 个用户调制符号:用户 1 为"1010"、用户 2 为"1011"、用户 3 为"1001"。基站根据小区用户登录信息,首先为在相同资源单元上的每个用户设置一个码序列:用户 1 为"100"、用户 2 为"110"、用户 3 为"111"。若 MUSA 对终端用户调制符号与用户码序列的算法定义为:"每个用户调制符号位都与对应用户码序列异或操作",则操作后新生的用户发送信号为:用户 1 是"101100101100"、用户 2 是"111110111111"、用户 3 是"110111111110"。这 3 个用户发送信号经过各自的信道响应 h1、h2 和 h3 及噪声影响后,被基站天线接收,并送到 SIC 接收机,SIC 再根据 3 用户各自的信道估计和码序列分别解调出它们的调制符号。

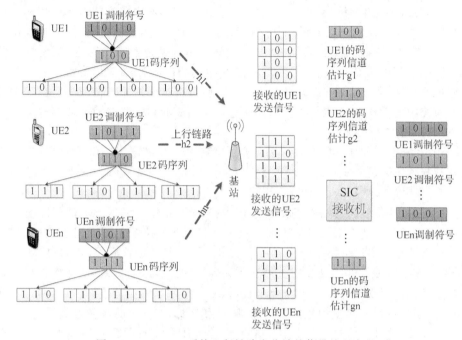

图 2.2.4　MUSA 系统上行链路发收端的信号处理流程

　　MUSA 技术为每个用户分配的不同码序列,对正交性没有要求,本质上起到了扩频效果,所以 MUSA 实际上是一种扩频技术,如上例中每比特信号扩频成 3 比特信号。需要指出的是,MUSA 码序列实际上是一种低互相关性复数域星座式短序列多元码,当用户信道条件不同时,可以在一个相对宽松的环境下确定码序列,这样既能保证有较大的系统容量,又能保证各用户的均衡性,可以让系统在同一时频资源上支持数倍于用户数量的高可靠接入量,以简化海量接入中的资源调度,缩短海量接入的时间。MUSA 技术具有实现难度较低、系统复杂度可控、支持大量用户接入、原则上不需同步和提升终端电池寿命等 5G 系统需求的特点,非常适合物联网应用。

## 2.3　新型信道编码

　　数字信号在传输中往往由于各种原因,使得在传送的数据流中产生误码,从而使接收端产生图像跳跃、不连续或出现马赛克等现象。所以,通过信道编码这一环节,对数码流进行相应的处理,使系统具有一定的纠错能力和抗干扰能力,可极大地避免码流传送中误码的发生。误码的处理技术有纠错、交织和线性内插等。

提高数据传输效率,降低误码率是信道编码的任务。信道编码的本质是增加通信的可靠性。但信道编码会使有用的信息数据传输减少,信道编码的过程是在源数据码流中加插一些码元,从而达到在接收端进行判错和纠错的目的。在带宽固定的信道中,总的传送码率是固定的,由于信道编码增加了数据量,其结果只能是以降低传送有用信息码率为代价。将有用比特数除以总比特数就等于编码效率,不同的编码方式,其编码效率有所不同。

5G 业务需求的多样性及各类业务场景的典型特性均给传统移动通信技术提出了更高的要求和挑战,特别是现有的 5G 三大典型应用场景对 5G 空中接口信道编码提出的关键要求如表 2.3.1 所示。

表 2.3.1　5G 空中接口信道编码关键要求

| 应用场景 | eMBB | mMTC | uRLLC |
|---|---|---|---|
| 性能要求 | 高吞吐量下具有好的错误性能 | 低吞吐量下具有好的错误性能 | 低/中吞吐量下具有非常好的错误性能 |
| 效率要求 | 高能量效率及高芯片效率 | 高能量效率 | 非常低的错误平层 |
| 时延要求 | 低编码/译码时延 | — | 低编码/译码时延 |

根据这些要求,4G 中采用的信道编码方案 Turbo 码在可靠性(Turbo 码存在译码错误平层)、编译码复杂度、译码吞吐量和编码效率等方面难以有效满足 5G 场景下的各种性能要求。因此,需要为 5G NR 设计更加先进高效的信道编码方案,以尽可能小的业务开销实现信息快速可靠传输。

**1. 低密度奇偶校验码(Low-density Parity-check,LDPC)**

LDPC 码是麻省理工学院 Robert Gallager 于 1962 年在博士论文中提出的一种具有稀疏校验矩阵的分组纠错码。几乎适用于所有的信道,因此成为编码界近年来的研究热点。它的性能逼近香农极限,译码简单且可实行并行操作,易于进行理论分析和研究,适合硬件实现。

任何一个(n,k)分组码,如果其信息元与监督元之间的关系是线性的,即能用一个线性方程来描述的,就称为线性分组码。LDPC 码本质上是一种线形分组码,它通过一个生成矩阵 G 将信息序列映射成发送序列,也就是码字序列。对于生成矩阵 G,完全等效地存在一个奇偶校验矩阵 H,所有的码字序列 C 构成了 H 的零空间(null space),即 $HC^T = 0$。

LDPC 码的奇偶校验矩阵 H 是一个稀疏矩阵,相对于行与列的长度,校验矩阵每行、列中非零元素的数目(称为行重、列重)非常小,这也是 LDPC 码之所以称为低密度码的原因。由于校验矩阵 H 的稀疏性以及构造时所使用的不同规则,使得不同 LDPC 码的编码二分图(Taner 图)具有不同的闭合环路分布。而二分图中闭合环路是影响 LDPC 码性能的重要因素,它使得 LDPC 码在类似可信度传播(BeliefPropagation)算法的一类迭代译码算法下,表现出完全不同的译码性能。

当 H 的行重和列重保持不变或尽可能地保持均匀时,称为正则 LDPC 码;反之如果列、行重变化差异较大时,称为非正则的 LDPC 码。研究结果表明正确设计的非正则 LDPC 码的性能要优于正则 LDPC。根据校验矩阵 H 中的元素是属于 GF(2),还是 GF(q)(q=2p),还可以将 LDPC 码分为二元域 LDPC 码和多元域 LDPC 码。研究表明多元域 LDPC 码的性能要优于二元域 LDPC 码。

如图 2.3.1 所示,LDPC 码编码是在通信系统的发送端进行的,在接收端进行相应的译码,这样才能实现编码的纠错。LDPC 码由于其奇偶校验矩阵的稀疏性,使其存在高效的译码算法,其复杂度与码长呈线性关系,克服了分组码在码长很大时所面临的巨大译码算法复杂度问题,使长码分组的应用成为可能。而且由于校验矩阵稀疏,使得在长码时,相距很远的信息比特参与统一校验,这使得连续的突发差错对译码的影响不大,编码本身就具有抗突发错误的特性。

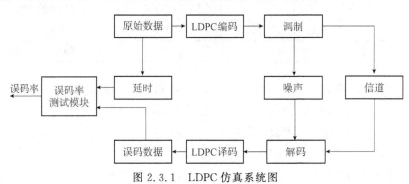

图 2.3.1　LDPC 仿真系统图

LDPC 码的译码算法种类很多,其中大部分可以被归结到信息传递(Message Propagation,MP)算法集中。这一类译码算法由于具有良好的性能和严格的数学结构,所以使译码性能的定量分析成为可能,因此特别受关注。MP 算法其中的置信传播(Belief Propagation,BP)算法是 Gallager 提出的一种软输入迭代译码算法,具有最好的性能。

LDPC 码具有很好的性能,译码也十分方便。特别是在 GF(q)域上的非规则码,在非规则双向图中,当各变量节点与校验节点的度数选择合适时,其性能非常接近香农极限。

**2. Polar 码**

Polar 码于 2008 年由土耳其毕尔肯大学 Erdal Arikan 教授首次提出,是学术界研究热点之一。2016 年 11 月 18 日,在美国内华达州里诺的 3GPP RAN1♯87次会议上,经过与会公司代表多轮技术讨论,国际移动通信标准化组织 3GPP 最终确定了 5G eMBB 场景的信道编码技术方案。其中,Polar 码作为控制信道的编码方案;LDPC 码作为数据信道的编码方案。

　　Polar 码是由 E. Arikan 基于信道极化理论提出的一种线性信道编码方法,该码是迄今发现的唯一一类能够达到香农极限的编码方法,并且具有较低的编译码复杂度。Polar 码的核心思想就是信道极化理论,不同的信道对应的极化方法也有区别。

　　Polar 码的理论基础就是信道极化。信道极化包括信道组合和信道分解部分。

　　(1) 信道组合

　　信道组合过程是指通过递归算法对 $N$ 个独立二进制离散无记忆信道(Binary Discrete Memoryless Channel,B-DMC)$W$ 进行组合以得到组合信道 $W_N:X^N \to Y^N$($N=2^n,n \geqslant 0$),其中,$X^N,Y^N$ 分别表示信道 $W_N$ 的输入及输出向量集合。当 $N$ 取不同的数值时,信道组合得到不同的结果。

　　当 $N=1$,则 $W_1=W$,信道不组合;

　　当 $N=2$,则将两个独立二进制离散无记忆信道进行组合得到 $W_2:X^2 \to Y^2$。

　　依此类推可得信道组合的一般形式,两个独立的信道 $W_{N/2}$ 可通过信道组合转化成信道 $W_N:X^N \to Y^N$($N=2^n,n \geqslant 0$)。组合信道 $W_N$ 的输入向量 $u_1^N$ 到原始信道 $W^N$ 的输入向量 $x_1^N$ 之间的映射关系 $u_1^N \to x_1^N$ 可表示为:$x_1^N=u_1^N G_N$,其中,$G_N$ 为 $N$ 阶生成矩阵。由此可以得到组合信道 $W_N$ 和原始信道 $W^N$ 的转移概率关系为:

$$W^N(y_1^N \mid u_1^N)=W^N(y_1^N \mid u_1^N G_N)$$

　　(2) 信道分裂

　　信道分裂过程是将组合信道 $W_N$ 分裂成 $N$ 个二进制输入比特信道 $W_N^{(i)}$ 的过程。

　　当 $N=2$,组合信道 $W_2$ 分裂为 $W_2^{(1)}$ 及 $W_2^{(2)}$,即 $(W,W) \to (W_2^{(1)},W_2^{(2)})$ 对应的转移概率计算式为:

$$W_2^{(1)}(y_1^2,u_1)=\sum_{u_2} \frac{1}{2} W_2(y_1^2 \mid u_1^2)=\sum_{u_2} \frac{1}{2} W(y_1 \mid u_1 \oplus u_2) W(y_2 \mid u_2)$$

$$W_2^{(2)}(y_1^2,u_1 \mid u)=\frac{1}{2} W_2(y_1^2 \mid u_1^2)=\frac{1}{2} W(y_1 \mid u_1 \oplus u_2) W(y_2 \mid u_2)$$

　　对于任意组合信道 $W_N$,其分裂后的第 $i$ 个信道 $W_N^{(i)}$ 对应的转移概率如下式所示:

$$W_N^{(i)}(y_1^N,u_1^{i-1} \mid u_i)=\sum_{u_{i+1}^N \in x^{N-1}} \frac{W(y_1^N,u_1^N)}{W(u_i)}=\sum_{u_{i+1}^N \in x^{N-1}} \frac{1}{2^{N-1}} W_N(y_1^N \mid u_1^N)$$

　　(3) Polar 码编解码

　　根据信道极化现象,可将原本相互独立的 $N$ 个原始信道转化为 $N$ 个信道容量不等的比特信道。当 $N$ 趋于无穷大时,则会出现极化现象:一部分信道将趋于无噪信道,另外一部分信道则趋于全噪信道,这种现象就是信道极化现象。无噪信道的传输速率将会达到信道容量 $I(W)$,而全噪信道的传输速率趋于零。Polar 码的编码策略正是应用了这种现象的特性,利用无噪信道传输用户有用的信息,全噪信道传输约定的信息或者不传信息。

假设 $K$ 个信道的容量趋于 $1$,$N-K$ 个信道的容量趋于 $0$,可选择 $K$ 个容量趋近于 $1$ 的信道传输信息比特,选择 $N-K$ 个容量趋近于 $0$ 的信道传输冻结比特,即固定比特,从而实现由 $K$ 个信息比特到 $N$ 个编码比特的一一对应关系,也即实现码率为 $K/N$ 的 Polar 码的编码过程。

Polar 码的具体编码方式可表示为:

$$X_1^N = u_1^N G_N$$

其中,$X_1^N = (X_1, X_2, X_3, \cdots, X_N)$ 为编码比特序列;$u_1^N = (u_1, u_2, u_3, \cdots, u_N)$ 为信息比特序列;$G_N$ 为 N 阶生成矩阵。

将信息序列 $u_1^N$ 编成码字 $X_1^N$ 后经由信道 $W^N$ 传输,接收信号为 $y_1^N$。接收端译码的过程就是根据已知的接收信号 $y_1^N$ 得到信息序列 $u_1^N$ 的估计值序列 $\hat{u}_1^N$ 的过程。典型 Polar 码译码算法为连续消除(successive cancellation,SC)译码算法,其基本思想是按序号从小到大的顺序依次对信息比特进行基于似然比的硬判决译码。当 Polar 码码长趋于无穷时,由于各个分裂信道接近完全极化,采用 SC 译码算法可确保对每个信息比特实现正确译码,从而可以在理论上使得 Polar 码达到信道的对称容量 $I(W)$。此外,研究人员也正在研究其他高性能的译码算法,如置信传播(belief propagation,BP)译码算法、线性规划(linear Programing,LP)译码算法和串行抵消列表(successive cancellation list,SCL)译码算法等。

Polar 码构建的关键是编码结构的设计。为提升译码性能、减少译码复杂度及控制信道盲检测的次数,3GPP 建议采用基于循环冗余校验(cyclic redundancy check,CRC)辅助 Polar 码方案进行码构建,具体编码结构为"J+J'+基本 Polar 码",其中,J 表示 24 位 CRC 比特,主要用于错误检测及辅助译码;J' 表示额外的 CRC/奇偶比特,主要用于辅助译码,针对不同物理信道可采用不同的值。CRC 辅助(CRC assisted,CA)Polar 码的编码和译码流程如图 2.3.2 所示。

图 2.3.2　CRC 辅助 Polar 码编码和译码流程

Polar 码虽起步晚,但因其优异的理论基础已被确定为 5G eMBB 场景的控制信道编码方案。目前在 3GPP RAN1♯87 次会议及其后续会议讨论和研究的主要内容集中在短码的设计及实现上，如与 Polar 码相关的码构建、序列设计、速率匹配以及信道交织等问题。相应解决方案已在 3GPP RAN1 各次会议上达成，其相应的性能也能满足 eMBB 场景控制信道性能需求，但 Polar 码在 5G 的实际应用中仍有待进一步讨论和研究。

# 2.4　同频同时全双工

同频同时全双工技术（Co-time Co-frequency Full Duplex，CCFD）是指设备的发射机和接收机占用相同的频率资源同时进行工作，使得通信双方在上下行可以在相同时间使用相同的频率，突破了现有的频分双工（Frequency Division Duplexing，FDD）和时分双工（Time Division Duplexing，TDD）模式，是通信节点实现双向通信的关键之一。传统双工模式主要是 FDD 和 TDD，用以避免发射机信号对接收机信号在频域或时域上的干扰，而新兴的同频同时全双工技术采用干扰消除的方法，减少传统双工模式中频率或时隙资源的开销，从而达到提高频谱效率的目的。与现有的 FDD 或 TDD 双工方式相比，CCFD 能够将无线资源的使用效率提升近一倍，从而显著提高系统吞吐量和容量，因此成为 5G 的关键技术之一。

采用同频同时全双工无线系统，所有同频同时发射节点对于非目标接收节点都是干扰源，如图 2.4.1 所示。节点基带信号经射频调制，从发射天线发出，而接收天线正在接收来自期望信源的通信信号。由于节点发射信号和接收信号处在同一频率和同一时隙上，接收机天线的输入为本节点发射信号和来自期望信源的通信信号之和，而前者对于后者是极强的干扰，即双工干扰（Duplex Interference，DI）。消除双工干扰有以下几种途径。

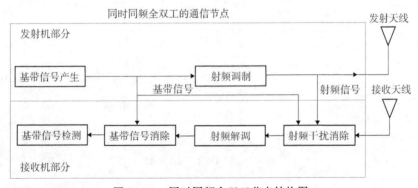

图 2.4.1　同时同频全双工节点结构图

**1. 天线抑制**

天线抑制,即发射天线与接收天线在空中接口处分离,可以降低发射机信号对接收机信号的干扰,它属于传输域自干扰消减技术。通过在传输信道上完成自干扰消减,在接收机收到信号之前降低自干扰信号强度,成为自干扰的第一道防线。天线抑制,通过配置天线位置或者其他手段,使得接收天线和发送天线之间的信道条件最差,以此来提升传输域自干扰消减能力。天线抑制的方法主要包括以下四种。

①拉远发射天线和接收天线之间的距离:采用分布式天线,增加电磁波传播的路径损耗,以降低 DI 在接收机天线处的功率。

②直接屏蔽 DI:在发射天线和接收天线之间设置一个微波屏蔽板,减少 DI 直达波在接收天线处泄漏。

③采用鞭式极化天线:令发射天线极化方向垂直于接收天线,有效降低直达波 DI 的接收功率。

④配备多发射天线:调节多发射天线的相位和幅度,使接收天线处于发射信号空间零点以降低 DI,如图 2.4.2 所示的两发射天线和一接收天线的配置,其中两发射天线到接收天线的距离差为载波波长的一半,而两发射天线的信号在接收天线处幅度相同相位相反。配置多接收天线:接收机采用多天线接收,使多路 DI 相互抵消,如图 2.4.2 所示的两接收天线和一发射天线的配置,两接收天线分别距发射天线的路程为载波波长的一半,因此两个接收天线接收的 DI 之和为零。另外,还有更多采用天线波束赋形抑制 DI 的方法。

采用以上天线抑制的方法,一般可将 DI 降低 20~40 dB。

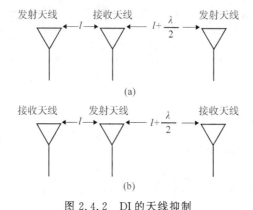

图 2.4.2  DI 的天线抑制

**2. 射频干扰消除**

射频干扰消除技术又称为模拟域自干扰消减技术,即在接受信号完成数字化之前,通过预测自干扰信号并生成一个反相的预测信号从而抵消自干扰信号的功率。射频干扰消除既可以消除直达 DI,也可以消除多径到达 DI。如图 2.4.3 所示的是典型的射频干扰消除器,图下方所示的两路射频信号均来自发射机,一路经过天线辐射发往信宿,另一路作为参考信号经过幅度调节和相位调节,使它与接收机空中接口 DI 的幅度相等、相位相反,并在合路器中实现 DI 的消除。

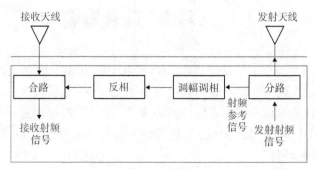

图 2.4.3　射频干扰消除器系统示意图

复杂射频消除器见于对 OFDM 多子载波 DI 消除方法,它将干扰分解成多个子载波,并假设每个子载波上的信道为平坦衰落。该方法先估计每个子载波上幅值和相位,对有发射机基带信号的每个子载波进行调制,使得它们与接收信号幅度相等、相位相反,再经混频器重构与 DI 相位相反的射频信号,最后在合路器中消除来自空口的 DI。

射频干扰消除技术可以分为自适应干扰消除技术和非自适应干扰消除技术,非自适应干扰消除技术不知道环境的变化情况,采用固定参数,如增益、相位和延迟,来构造预测的自干扰信号。而自适应干扰消除技术则会根据反馈通道中反馈的信道状态和其他环境变化动态地调整参数,有效地减轻直射和反射干扰。

**3. 数字干扰消除**

在一个同频同时全双工通信系统中,通过空中接口泄露到接收机天线的 DI 是直达波和多径到达波之和。射频消除技术主要消除直达波,数字消除技术则主要消除多径到达波。而多径到达的 DI 在频域上呈现出非平坦衰落特性。与前述两种消除技术不同,数字干扰消除工作在数字域,利用先进的数字信号处理技术,复杂的模拟信号处理将变得容易。

在数字干扰消除器中设置一个数字信道估计器和一个有限阶(FIR)数字滤波器。信道估计器用于 DI 信道参数估计;滤波器用于 DI 重构,即从数字域上的基带采样信号中生成反相数字信号以消除该数字信号。由于滤波器多阶时延与多径信道时延具有相同的结构,将信道参数用于设置滤波器的权值,再将发射机的基带信号通过上述滤波器,即可在数字域重构经过空中接口的 DI,并实现对于该干扰的消除。除此之外,还可以采用接收端波束赋形方法,通过调整各个节点天线上的权值来尽可能降低循环自干扰强度,根据自干扰信道条件自适应地调整每个天线的权值,从而抑制自干扰。

# 2.5 终端间直通传输

D2D(Device-to-Device)通信是由 3GPP 组织提出的一种在通信系统的控制下,允许 LTE 终端之间在没有基础网络设施的情况下,利用小区资源直接进行通信的新技术。它能够提升通信系统的频谱效率,在一定程度上解决无线通信系统频谱资源匮乏的问题。与此同时,它还可以有效降低终端发射功率,减小电池消耗,延长手机续航时间。

D2D 在蜂窝系统下的模型如图 2.5.1 所示,图中左侧两个小区的通信都是基站与用户之间的传统通信形式,右侧小区中存在用户之间的通信链路,就是指的 D2D 通信,阴影部分表示可能存在的干扰较大区域。

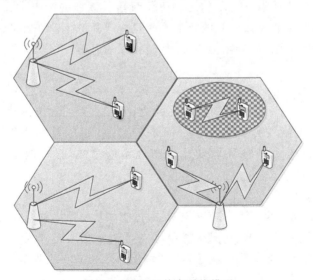

图 2.5.1 D2D 蜂窝系统模型

D2D 系统基站控制着 D2D 通信使用的资源块以及 D2D 通信设备的发送功率,以保证 D2D 通信带给小区现有通信的干扰在可接受的范围内。当网络为密集 LTE-A 网络,并且有较高网络负载时,系统同样可以给 D2D 通信分配资源。但是基站无法获知小区内进行 D2D 通信用户间通信链路的信道信息,所以基站不能直接基于用户之间信道信息进行资源调度。

D2D 通信在蜂窝网络中将分享小区内的资源,因此 D2D 用户将可能被分配到以下两种情况的信道资源:

①与正在通信的蜂窝用户都相互正交的信道,即空闲资源;

②与某一正在通信的蜂窝用户相同的信道,即复用资源。

若 D2D 通信用户分配到正交的信道资源时,它不会对原来的蜂窝网络中的通信造成干扰。若 D2D 通信与蜂窝用户共享信道资源时,D2D 通信将会对蜂窝链路造成干扰。干扰情况如图 2.5.2 所示,图中有两条通信链路,分别为 UE(User Equipment,用户设备)与 eNB(evolved Node B,演进型基站)之间的链路和两个 UE 间的链路,虚线表示的是干扰信号,由于 D2D 用户复用了小区的资源,所以产生了一定的同频干扰。

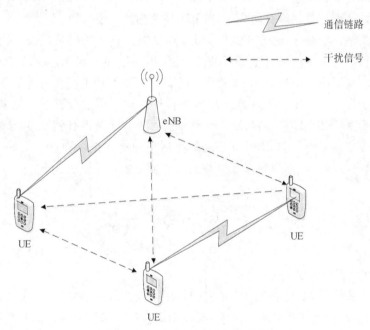

图 2.5.2　D2D 通信干扰示意图

D2D 通信复用上行链路资源时,系统中受 D2D 通信干扰的是基站,基站可调节 D2D 通信的发送功率以及复用的资源来控制干扰,可以将小区的功率控制信息应用到 D2D 通信的控制中。此时 D2D 通信的发送功率需要减小到一个阈值以保证系统上行链路 SINR 大于目标 SINR,而当 D2D 通信采用系统分配的专用资源时,D2D 用户可以用最大功率发送。

D2D 通信复用下行链路资源时,系统中受 D2D 通信干扰的是下行链路的用户。而受干扰的下行链路用户的位置决定于基站的短期调度情况。因此,受 D2D 传输干扰的用户可能是小区服务的任何用户。当 D2D 链路建立后,基站控制 D2D 传输的发送功率来保证系统小区用户的通信。合适的 D2D 发送功率控制可以通过长期观察不同功率对系统小区用户的影响来周期性确定。

在资源分配方面,基站可以将复用资源的小区用户和 D2D 用户在空间上分开。如基站可分配室内的 D2D 用户和室外的小区用户相同的系统资源。同时,基站可以根据小区用户的链路质量反馈来调节 D2D 通信,当用户链路质量过度下降时降低 D2D 通信的发送功率,在链路质量尚可的情况下又能适当增加发送功率。

在通信负载较小的网络中,可以为 D2D 通信分配剩余的正交资源,这样显然可以取得更好的系统性能。但是,由于蜂窝网络中的资源有限,考虑到通信业务对频率带宽的要求越来越高,而采用非正交资源共享的方式可以使网络有更高的资源利用率。这也正是在蜂窝网络中应用 D2D 通信的主要目的。

系统基站在给 D2D 通信分配资源时,需要根据小区通信情况、现有信道状态以及小区用户的位置信息决定 D2D 通信是复用小区用户资源还是采用正交资源进行通信。复用小区用户资源时,需要考虑的问题是复用上行资源还是下行资源,以及复用小区中哪个用户的资源。复用下行资源比复用上行资源更加复杂,因为前者受到干扰的是小区移动台,而小区移动台可能在小区的任何位置,干扰情况较难分析。考虑到复用离 D2D 用户较远的小区用户的频谱资源会带来较小的同频干扰,所以设计基于此原则的算法可能会带来较大的系统性能提升。

# 2.6　移动边缘计算

## 1. MEC 定义和应用

移动边缘计算 MEC 改变 4G 系统中网络与业务分离的状态,通过将云服务环境、计算和存储功能部署到网络边缘,为移动用户就近提供业务计算和数据缓存能力,实现应用与无线网络更紧密的结合,实现蜂窝移动网络具备低时延、高带宽,位置感知及网络信息开放的特点。实现了其从接入管道向信息化服务使能平台的关键跨越。

欧洲电信标准化协会 ETSI 对 MEC 的定义是:在移动网络边缘提供 IT 服务环境和云计算能力。移动边缘计算可以被理解为在移动网络边缘采用云计算技术,通过云计算处理传统网络基础架构所不能处理的任务,如 M2M 网关、控制功能、智能视频加速等。

MEC 运行于网络边缘,其在逻辑上独立运行,并不依赖于网络的其他部分,这点对于安全性要求较高的应用来说非常重要。MEC 服务器通常具有较高的计算能力,以适应大量数据的分析处理。同时,由于 MEC 距离用户或信息源在地理上非常临近,使得网络响应用户请求的时延大大减少,减少了数据传输的需求,也降低了承载网和核心网部分发生网络拥塞的可能性。最后,位于网络边缘的 MEC 能够实时获取如基站信息、可用带宽等网络数据以及与用户位置相关的信息,从而进行链路感知自适应,并且为基于位置的应用提供部署的可能性,可以极大地改善用户的服务质量体验。

结合 5G 业务需求,MEC 可主要用于以下几类场景,如表 2.6.1 所示。

表 2.6.1　MEC 应用场景

| 场景类别 | 具体场景 | 业务需求 |
|---|---|---|
| 垂直行业 | 物联网应用 | • 简化物联网网关开发,解决软硬件不兼容问题<br>• 降低业务开发及部署成本<br>• 减少业务开发周期 |
| | 企业网应用 | • 利用移动蜂窝网络提供的无线连接在本地机房向内部用户交付各类企业应用<br>• 简化企业应用平台维护<br>• 加快企业应用开发及部署 |
| | 车联网应用 | • 毫秒级业务响应 |
| | 边缘 CDN 服务 | • 降低用户感知时延<br>• 提升用户体验<br>• 降低带宽成本<br>• 兼容现有内容分发网络 CDN 平台 |
| 移动互联网 | 网络资源开放 | • 移动网络将特定的网络资源开放给特定互联网应用<br>• 改善用户体验(如移动网络向第三方视频提供商开放额外的无线资源,使其付费用户得到更好的体验。)<br>• 推出更多的创新服务(如支持用户临时付费的文件传输加速服务) |
| | 网络信息开放 | • 移动网络向互联网应用开放特定的网络及用户信息<br>• 推出更多的创新服务(如基于蜂窝网络获得的高精度用户定位信息实现精准广告)<br>• 改善用户体验(如基于无线网络拥塞状况的 Dynamic Adaptive Streaming over HTTP(DASH)业务) |
| 终端能力增强 | VR/AR | • 终端利用 EC 资源实现计算能力增强<br>• 实时任务迁移(毫秒级)<br>• AR 感知功能处理(毫秒级)<br>• VR 全景视频处理(毫秒级) |

**2. MEC 架构**

边缘计算行业规范工作组 ISG MEC 对 MEC 的网络框架和参考架构进行了定义。如图 2.6.1 所示，MEC 的基本框架从一个比较宏观的层次出发，对 MEC 下不同的功能实体进行了网络水平（Networks）、移动边缘主机水平（Mobile Edge Host Level）和移动边缘系统水平（Mobile Edge System Level）三个层次的划分。

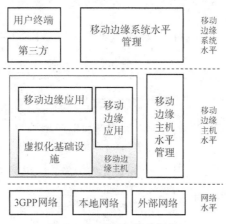

图 2.6.1　MEC 基本框架

其中，MEC 主机水平包含 MEC 主机（Mobile Edge Computing Host）和相应的 ME 主机水平管理实体（ME Host-Level Management entity），ME 主机又可以进一步划分为 ME 平台（ME Platform）、ME 应用（ME Application）和虚拟化基础设施（Virtualization Infrastructure）。网络水平主要包含 3GPP 蜂窝网络、本地网络和外部网络等相关的外部实体，该层主要表示 MEC 工作系统与局域网、蜂窝移动网或者外部网络的接入情况。最上层是 ME 系统水平的管理实体，负责对 MEC 系统进行全局掌控。

**3. MEC 优势**

相对于传统的网络架构和模式，MEC 具有很多明显的优势，能改善传统网络架构和模式下时延高、效率低等诸多问题，也正是这些优势，使得 MEC 成为未来 5G 的关键技术。MEC 的主要优势包括以下四点。

（1）低时延

MEC 将计算和存储能力部署到网络边缘，由于距离用户更近，用户请求不再需要经过漫长的传输网络到达遥远的核心网被处理，而是由部署在本地的 MEC 服务器将一部分流量进行卸载，直接处理并响应用户，因此通信时延将会大大降低。

MEC 的低时延特性在视频业务和交互业务等时延敏感的相关应用中表现得尤为明显。以网络游戏等交互业务为例,在不使用 MEC 的传统方式下,每个用户终端在发起互动请求时,首先需要经过基站接入,然后通过核心网连接目标内容,再逐层进行回传,最终完成终端和该目标内容间的交互,其连接和逐层获取的方式非常耗时。引入 MEC 解决方案后,在靠近 UE 的基站侧部署 MEC 服务器,利用 MEC 提供的存储资源将内容缓存在 MEC 服务器上,用户可以直接从 MEC 服务器获取内容,不再需要通过漫长的回传链路从相对遥远的核心网获取内容数据。这样可以极大地节省用户发出请求到被响应之间的等待时间,从而提升用户服务质量体验。

(2) 提高网络容量

部署在移动网络边缘的 MEC 服务器能对流量数据进行本地处理,从而极大地降低对传输网和核心网带宽的要求。特别是对于直播形式的视频传输,具有高并发的特性:在同一时间内有大量用户接入,并且请求同一资源,因此对带宽和链路状态的要求极高。通过在网络边缘部署 MEC 服务器,可以将视频直播内容实时缓存在距离用户更近的地方,在本地进行用户请求的处理,从而减少对回传链路的带宽压力,同时也可以降低发生链路拥塞和故障的可能性,从而提高网络容量。

(3) 提高能量效率,节能环保

在移动网络下,网络的能量消耗主要包括任务计算耗能和数据传输耗能两个部分。研究表明,能量效率和网络容量将是未来 5G 实现广泛部署需要克服的一大难题,MEC 的引入能极大地降低网络的能量消耗。MEC 自身具有计算和存储资源,能够在本地进行部分计算的处理,对于需要大量计算能力的任务才考虑上交给距离更远、处理能力更强的数据中心或云进行处理,因此可以降低核心网的计算能耗。另外,随着缓存技术的发展,存储资源相对于带宽资源来说成本逐渐降低,MEC 的部署也是一种以存储换取带宽的方式,内容的本地存储可以极大地减少远程传输的必要性,从而降低传输能耗。

(4) 提高服务质量(Quality of Service,QOS)等级

部署在无线接入网的 MEC 服务器可以获取详细的网络信息和终端信息,同时还可以作为本区域的资源控制器来对带宽等资源进行调度和分配。如在网络业务请求开始时,MEC 服务器可以感知用户终端的链路信息,回收空闲的带宽资源,并将其分配给其他需要的用户,用户得到更多的带宽资源之后,就可以获得适合 QOS 的速率分配;链路资源紧缺时,MEC 服务器又可以自动为用户切换到较低速率版本,保证业务的连续性。同时,由于 MEC 可以获得与基站位置有关的详细信息,可以较为容易地提供一些基于位置的服务和推送,进一步提升用户的服务质量体验。

# 2.7 人工智能技术

从技术上看,5G 将存在多层、多无线接入技术的共存,导致网络结构非常复杂,各种无线接入技术内部和各种覆盖能力的网络节点之间的关系错综复杂,5G网络的部署、管理、维护将成为一个极具挑战性的工作。为了降低网络部署、运营维护复杂度和成本,提高网络运维质量,未来 5G 系统还须具备充分的灵活性,具有网络自感知、自调整等智能化能力,以应对未来移动信息社会难以预计的快速变化。人工智能技术可以为 5G 网络在网络管理、资源调度、绿色节能和边缘计算等方面所使用,以改变网络运营模式,推动实现智能 5G。

人工智能的最终目标是建立一个类似于人类思维活动的系统模型。因此,人工智能的实现主要在于构建出来的操作系统能否根据系统的"思维活动"采取理想的行动。人工智能领域处理的问题主要包括感知、挖掘、预测以及推理,即 5G 网络可以利用感知技术进行网络异常检测以实现网络的自修复,利用挖掘技术对网络业务进行分类分析,利用预测技术预测用户的移动趋势和业务量变化以及利用推理技术配置一系列的参数以更好地适应业务等。

**1. 智能决策**

5G 网络需要通过智能决策,管理种类繁多的资源和动态变化的业务流量。在早期以语音为主的通信网络中,业务模型的建立和预测相对比较简单,这一时期的流量需求管理也相对简单。但是在 5G 网络中,各种各样的业务类型和智能设备的出现使得业务流量模型在维度和粒度上变得更加复杂。为了使网络在面对不同的业务和流量需求时依然能够保证最佳用户体验,策略控制系统需要进行异常复杂的处理。以网络功能虚拟化为例,必须使其核心决策算法能够自动匹配当前的无线、用户以及流量条件,以实现计算资源的动态分配。而在这方面,人工智能是最佳候选技术,根据用户行为模式、业务流量模型、网络条件变化的预测,对网络资源的分配进行实时或准实时的调整,实现网络切片的智能化弹性扩缩容,提升网络资源利用率,可以为当前的无线系统提供更敏捷和健壮的复杂决策能力。

**2. 智能管理**

5G 网络需要通过自动化管理,在提高效率的同时降低成本。如何低成本、高效率地运营日益复杂的网络是当前面临的一项重大挑战。目前 2G、3G 和 4G 网络的信息数据基本上是通过路测、用户投诉记录或操作维护中心(OMC)的报告来获取的,这种数据获取方法效率较低,已经不能满足 5G 网络对于低时延和实时跟踪来提高资源利用率的需求。为了实现 5G 网络自动化,需要对用户域(包括用户分布、用户需求等)、网络域(网络负载、拥塞状态等)和无线域(频谱利用率、链路质量等)的动态网络状况有全面充分的了解。因此,智能感知技术是实现 5G 网络自动化的一个重要条件。引入人工智能技术,可以自动识别体育馆、商务区、车站等 5G覆盖场景,并且通过对话务以及用户分布和业务等进行预测,给出当前最优的无线参数配置建议,如天线权值、倾角的调整和移动性参数配置,实现 5G 网络的自优化配置,改变 5G 网络的覆盖特性和容量性能,及时适应用户分布和业务类型,有效提升资源利用率和用户体验。

**3. 智能服务**

5G 网络需要根据业务特征按需提供服务。提高网络的资源利用率是满足日益增加的网络业务需求的必要条件。当前的移动网络采用一种网络架构服务所有业务类型的模式。由于网络的单一性,网络中的所有用户只能采用相同的带宽消耗模式,不仅每一类业务类型的特定性能需求无法得到保证,还会大大降低网络资源利用率。5G 网络切片的出现使得用户可以根据特定需求定制针对性服务,而为了实现网络切片的灵活调用,切片的创建、部署和管理都将离不开智能化技术。建立智能化服务网络,可以通过对用户行为、业务特征、流量模型和网络覆盖等数据统计关联分析,精准预测局部地区的网络忙闲状态,并结合实际网络状态和预测结果,对 5G 基站和承载 5G 网络功能的服务器进行适时的休眠和唤醒操作,在满足实时业务需求的同时实现绿色节能的目标。

**4. 智能运算**

在 5G 网络边缘部署具有人工智能芯片的人工智能型 MEC 计算平台,提供面向 5G 本地业务应用的人工智能运算和分析能力,如基于人工智能技术的视频分析和图像识别可以在安防、产品检测、精细化生产操作、医疗等多个领域得到广泛应用。

# 2.8 网络功能虚拟化

**1. 网络虚拟化概述**

网络功能虚拟化(Network Functions Virtualization,NFV)是一种针对于网络架构(Network Architecture)的概念,利用虚拟化技术,将网络节点阶层的功能,分割成几个功能区块,分别以软件方式实现,不再局限于硬件架构。

网络功能虚拟化的核心是虚拟网络功能。虚拟网络功能提供只能在硬件中找到的网络功能,包括如路由、CPE、移动核心、IMS、CDN、安全性和策略等应用。但是,虚拟化网络功能需要把应用程序、业务流程和可以进行整合和调整的基础设施软件结合起来。

网络功能虚拟化技术的目标是在标准服务器上提供网络功能,而不是在定制设备上。虽然供应商和网络运营商都急于部署 NFV,早期 NFV 部署将不得不利用更广泛的原则,随着更多细节信息浮出水面,这些原则将会逐渐被部署。

为了在短期内实现 NFV 部署,需要作出四个关键决策:部署云托管模式,选择网络优化的平台,基于 TM 论坛的原则构建服务和资源以促进操作整合,以及部署灵活且松耦合的数据/流程架构。网络功能虚拟化是由服务提供商推动,以加快引进其网络上的新服务。通信服务提供商(CSPs)已经使用了专用的硬件元素,使其可以频繁快速提供新的服务。对于传输网络而言,网络功能虚拟化(NFV)的最终目标是整合网络设备类型为标准服务器、交换机和存储,以便利用更简单的开放网络元素。

**2. NFV 标准研究进展**

传统电信运营商提供的业务是构建在完善的标准基础上。采用 NFV 技术后由于硬件虚拟化技术的应用,传统电信网网络架构发生了实质性的变化。新架构产生了新的逻辑功能单元,如 Orchestrator、VNFM、VIM 等,而这些功能单元与 VNF 及 VM 之间均产生了新的接口。

在虚拟化的网络环境下,哪些接口需要进行标准化,哪些接口可以采用私有接口不进行开放,均需要明确并进行相关的标准化工作。在虚拟化的环境下,原有网络的逻辑网元间的接口及协议未发生变化,但原有的接口及网元的交换流程有可能发生变化,如 EMS 与 OSS 间将新增虚拟化相关的网管信息及设备运行维护的相关信息。

ETSI 的 NFV 组织提出的框架、接口等需要与其他标准化组织接轨。以核心网为例,3GPP 已经开始考虑 NFV 组织的架构,并率先在网管结构以及具体的信息模型(业务和系统结构 5,SA5)上对虚拟化的核心网在网管、计费系统等方面开展标准化工作。同时,虚拟化架构对当前电信标准的影响分析还未完成,其中 MANO 是 Gap 分析的核心。

**3. NFV 架构、接口、协议**

NFV ISG 在 GS NFV 002 中定义了 NFV 基础架构,如图 2.8.1 所示。

整个 NFV 架构可以分为以下三个主要部分。

①NFV 基础设施建设(NFVI)。NFV 基础设施包括物理资源、虚拟化层及其上的虚拟资源,其中物理资源又包含计算、存储和网络三部分硬件资源,是承担着计算、存储和内外部互连互通任务的设备。

②虚拟网元与网管。虚拟网元与网管包括虚拟网络功能(VNF)与网元管理系统(EMS)。

VNF:软件化后的网元,部署在虚拟机上,其功能与接口和非虚拟化时保持一致。

EMS:EMS 主要可以完成传统的网元管理功能及虚拟化环境下的新增功能。

③MANO。MANO 包括编排器(Orchestrator)、虚拟网络功能管理器(VNFM)与虚拟基础设施管理器(VIM)。

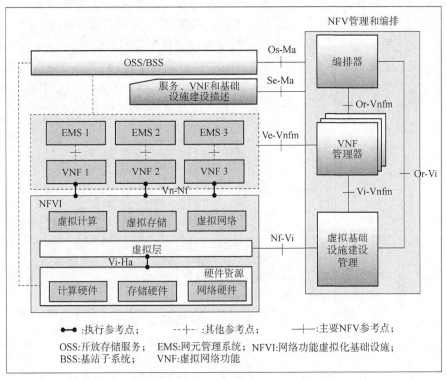

图 2.8.1  NFV 基础架构

Orchestrator:负责网络业务、VNF 与资源的总体管理,是整个 NFV 架构的控制核心。

VNFM:负责 VNF 的资源及生命周期等相关管理,如网元的实例化、扩容与缩容等功能。

VIM:可以实现对整个基础设施层资源(包含硬件资源和虚拟资源)的管理和监控。

此外,还有开放存储服务(OSS)/基站子系统(BSS)网元,该网元除支持传统网络管理功能外,还支持在虚拟化环境下与 Orchestrator 交互,完成维护与管理功能。

硬件层的最底层为资源层,如计算硬件资源、存储硬件资源等。其上为虚拟化层,虚拟化层主要采用一些主流的虚拟化软件实现,如 VMware、KVM、xen 等。目前,设备提供商一般采用优化上述虚拟化软件的方式构建虚拟化层。硬件层最上层为虚拟化后的计算单元、存储单元等。

虚拟化的网络功能层由各种 VNF 组成,每个 VNF 依据其运行的软件不同可实现不同的核心网网络逻辑功能。每个 VNF 由多个虚拟机(VM)组成,VM 为虚拟化层已经虚拟化的计算资源、存贮单元等,EMS 为网元网管,OSS/BSS 为目前运营商的支撑系统。EMS 一般由 VNF 厂商提供,除传统的网管功能外,还包括虚拟化环境下的新增功能,如 VNF 资源的申请及运行数据的采集等。

图 2.8.2 概括了构成 NFV 逻辑架构的四个组成部分,包括用于整体编排、控制管理的 MANO(虚拟网元管理编排组件),网元赖以部署的 NFVI(虚拟网元基础设施),VNF(虚拟网元)和 OSS/BSS(运营支持系统/业务支持系统)。

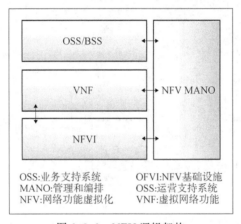

图 2.8.2　NFV 逻辑架构

在整个 NFV 的架构中,NFV MANO 起着管理、控制、协调的关键作用,它包括 Orchestrator、VNFM 及 VIM3 个功能单元,其中 Orchestrator 实现业务的编排,确定网络所需要部署的 VNF 数量、VNF 类型及 VNF 拓扑等;同时它还生成 VNFM 的实例,并与 VNFM 交互,实现 VNF 的实例化及 VNF 的生命周期管理。VNFM 主要负责 VNF 的容量规划并确定对 VM 的需求、负责 VNF 的生命周期的管理及与 VIM 交互申请 VM 资源等。VIM 的主要功能是实现对整个基础设施层资源(包含硬件资源和虚拟资源)的管理和监控,如 VM 的监管及 VM 运行状态信息的上报等。

NFV 基础设施 NFVI 包括 NFV 的硬件设施和虚拟设施。其中,NFV 硬件设施是指 NFV 软件赖以运行的通用硬件,包括服务器、存储设备、网络设备等;NFV 虚拟设施是指运行在这些通用硬件之上的宿主操作系统、Hypervisor 及其向上提供的虚拟计算、虚拟存储、虚拟网络服务。

虚拟网元 VNF 使得整个 NFV 架构实现了"真正的"通信网络功能。传统的通信网络使用专用的硬件设备构成网络。

运营支持系统/业务支持系统 OSS/BSS 是 NFV 与传统电信网络对接的组件。它是电信运营商的一体化信息资源共享的支持系统。它主要由网络管理、系统管理、计费、营业、账务和客户服务等部分组成。

NFV 的应用范围非常广泛,从网络边缘到网络核心,从固定网络到移动网络,所有网络功能的实现都有可能重新设计或改造。以下介绍几种 NFV 应用的典型场景。

（1）固定接入网

虚拟客户终端设备（VCPE）和虚拟宽带远程接入服务器（VBRAS）是 NFV 部署的典型案例之一。VCPE 将复杂的网络功能及新增业务以虚拟化方式部署在网络侧而非用户侧,同时为运营商未来新增业务乃至第三方业务提供开放平台。VCPE 的部署使得传统固定接入网变得更加灵活,用户可以根据需求定制自己的网络。从目前的产业发展现状来看,固定接入网络的 NFV 化已经成为业界的共识,但目前技术方案尚未完全成熟,各类 VNF 的功能仍有待完善。

（2）移动核心网

核心网虚拟化一直是 NFV 应用的重点领域。目前,全球运营商在该领域概念验证（POC）、试点乃至部署案例众多,如日本 DoCoMo 公司尝试自主集成构建物联网解决访问虚拟演进的数据核心网（vEPC）。同时,中国移动也以虚拟 IP 多媒体子系统（vIMS）和基于 IMS 的语音业务（VoLTE）为切入点,进行了深入的 NFV 试点。

（3）无线接入网

无线接入网的分布式特征所带来的高成本、高管理复杂度的挑战使得 NFV 成为其未来发展的重要解决方案。新一代基站布建架构（C-RAN）就是一种典型应用场景。C-RAN 通过将基带处理器与物理站点分离,可有效降低设备成本、改善协作、增加网络容量。同时,在无线接入网络方面,基于虚拟技术的无线控制器（AC）虚拟化和池化技术也逐渐引起广泛关注。AC 虚拟池的实现可以有效降低 AC 设备成本,增强设备的可靠性,提高 AC 设备利用率,简化运营商运维管理 AC 设备的复杂度。

（4）数据中心应用

虚拟防火墙（VFW）、虚拟负载均衡器（VLB）和虚拟安全套接层（VSSL）/Internet 协议安全性（IPSEC）网关（GW）在数据中心也得到了大量应用,这得益于 NFV 带来的灵活性特点,上述虚拟化网元可以灵活扩容和缩容。另外,基于 SDN 的业务链功能,NFV 能够实现非常灵活的增值业务编排,真正实现用户按需定制。

电信业务在虚拟化应用过程中会碰到以下挑战。

①性能挑战:电信业务偏重于网络和转发,虚拟化本身有一定性能损耗,目前主要通过 DPDK/SR-IOV/硬件加速资源池等软硬件加速方法来降低虚拟化开销,满足电信网络高转发、密集计算的性能需求。

②可靠性挑战:电信设备 NFV 化后依然承载电信业务,其电信级可靠性需要继承。NFV 分层解耦的架构、通用硬件设备以及各开源组件都要做电信级加固,才能使各层协同实现端到端的电信级可靠性。

③集成化挑战:NFV 的分层解耦架构给系统集成带来巨大的挑战。NFV 系统集成变为三维集成,包括不同 VNF 的水平集成、跨层多厂商垂直集成和与传统网络功能 PNF 的集成,复杂度大大提升,需要丰富的集成经验和专业的集成工具支撑。

# 2.9 软件定义网络

## 1. SDN 概述

软件定义网络(Software Defined Network,SDN),是由 Emulex 提出的一种新型网络创新架构,其核心技术 OpenFlow 通过将网络设备控制面与数据面分离开来,从而实现了网络流量的灵活控制,为核心网络及应用的创新提供了良好的平台。

从路由器的设计上看,它由软件控制和硬件数据通道组成。软件控制包括管理(CLI,SNMP)以及路由协议(OSPF,ISIS,BGP)等。数据通道包括针对每个包的查询、交换和缓存。这方面有大量论文在研究,并引出三个开放性的话题,即“提速 2 倍”“确定性的(而不是概率性的)交换机设计”和“让路由器简单”。

由于传统的网络设备(交换机、路由器)的固件是由设备制造商锁定和控制,所以 SDN 希望将网络控制与物理网络拓扑分离,从而摆脱硬件对网络架构的限制。这样企业便可以像升级、安装软件一样对网络架构进行修改,满足企业对整个网站架构进行调整、扩容或升级。而底层的交换机、路由器等硬件则无须替换,节省大量的成本的同时,网络架构迭代周期将大大缩短。

## 2. SDN 标准研究进展

ITU-T 在 2012 年上一个研究期末就开始了对 SDN 的跟踪研究,首先由 SG13 的 Q21 开始,成立了 Y.FNsdn-fm 和 Y.FNsdn 两个项目,分别对应 SDN 的需求和架构研究,并初步提出了 SDN 的实现架构。经过与 ONF 的联络协商,ITU-T

更加明确了自身研究的 SDN 场景对象和相关的架构是针对运营商网络中引入 SDN 技术的标准。

2013 年 2 月的 ITU 会议上,SG13 的工作组召开了多次联合会议,对于 SG13 如何开展 SDN 的需求和架构进行了深入讨论。未来网络组负责 SDN 通用功能以及功能实体的标准制订,并研究在未来网络中应用 SDN 的需求;NGN 演进的网络(NGN-e)组重点研究 SDN 在现有网络中的应用场景和功能需求;云计算网络组侧重研究云计算网络中 SDN 的应用场景和功能需求。其中,由中国电信等运营商主导的 NGN 演进网络组立项了智能型网络与 SDN 技术结合的 S-NICE 标准研究,推动了 NGN 网络中 SDN 体系标准的制订,也为通信网络中如何引入 SDN 技术奠定了基础。

同期,SG11 工作组也开始讨论 SDN 信令需求和框架的研究工作,并与 SG13 协商明确 SG11 侧重对 SDN 信令需求、信令参考架构、信令的实现机制和协议,协议兼容性测试等标准的制订,并在 2013 年 2 月会议上启动了对 BNG、BAN、IPv6 过渡技术中引入 SDN 的信令需求的新标准研究。

**3. SDN 架构、接口、协议**

ONF 提出的 SDN 三层架构如图 2.9.1 所示。最顶层为应用层,包括各种不同的网络业务和应用;中间的控制层主要负责处理数据平面资源的编排、维护网络拓扑、转发信息等;最底层的基础设施层负责数据处理、转发和状态收集。其中,以控制层为中心,其与应用层和基础设施层之间的接口分别被定义为北向接口和南向接口,是 SDN 架构中两个重要的组成部分。ONF 在南向接口上定义了开放的 Open-Flow 协议标准,而业界在北向接口上还没有达成标准共识。

接下来对 SDN 的每一层及其接口进行详细分析。

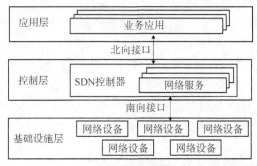

图 2.9.1　ONF 提出的 SDN 三层架构

(1) 基础设施层

SDN 架构中的基础设施层负责网络数据的高速转发,根据实际场景的需要,可以采用软件实现的 SDN 交换机,也可以使用硬件实现的 SDN 交换机。其中,软件实现的 SDN 交换机通常与虚拟化 Hypervisor 相整合,从而为云计算场景中的多租户灵活组网等业务提供支持,如 Open vSwitch(OVS)。硬件实现的 SDN 交换机则能够支持基于硬件设备的组网,同时能够满足 SDN 网络和传统网络的混合组网需求,如 OpenFlow 交换机。下面分别介绍 OVS 和 OpenFlow 交换机。

OVS 是基于软件实现的多层虚拟交换机,使用开源 A-pache2.0 许可协议,由 Nicira Networks 开发,主要实现代码为可移植的 C 代码。它的目的是让大规模网络自动化可以通过编程扩展来支持标准的管理接口和协议(如 NetFlow、sFlow、SPAN、RSPAN、CLI、LACP、802.1ag)。OVS 支持多种 Linux 虚拟化技术,包括 Xen/XenServer、KVM 和 virtual-Box 等。

OpenFlow 协议最新发布的版本为 v1.4,随着 OpenFlow 协议版本的演进,OpenFlow 交换机的架构也发生了变化,最新的 OpenFlow 交换机主要由 3 部分组成(如图 2.9.2 所示):一个或多个流表、一个组表(Group Table)和一个安全通道。

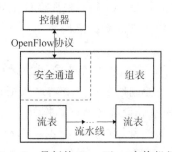

图 2.9.2　最新的 OpenFlow 交换机组成

流表和组表执行分组查找和转发,流表结构由匹配域、优先级、计数器、指令、超时定时器和 Cookie 组成。

组表将多个流编成一个组,然后执行相同的操作集。每条组表记录包括:组标识符、组类型、计数器和动作桶。

安全通道是交换机与控制器进行通讯的接口,在 OpenFlow v1.0 中规定该安全通道需要使用 TLS 安全隧道。而从 v1.1 开始,OpenFlow 不再强制要求使用 TLS 隧道,而是可以使用普通的 TCP 连接。在 OpenFlow 的各个版本中,缺省情况下使用 TCP 6633 端口作为安全通道。

(2) 南向接口

ONF 在 SDN 南向接口上定义了开放的 OpenFlow 协议标准。OpenFlow 协议支持三种消息类型:Controller-to-Switch、Asynchronous 和 Symmetric,每一个类型都有多个子类型,控制器和交换机之间通过这三类消息进行连接建立、流表下发和信息交换,以实现对网络中所有 OpenFlow 交换机的控制。Controller-to-Switch 信息由控制器发起并且直接用于检测交换机的状态。Asynchronous 信息由交换机发起并通常用于更新控制器的网络事件和改变控制器中交换机的状态信息。Symmetric 消息不必通过请求建立,控制器和交换机都可以主动发起,并需要接收方应答,它们都是双向对称的消息,主要用来建立连接、检测对方是否在线等。

（3）控制层

控制层不仅负责对基础设施层的网络设备的统一管理,还负责向上层应用层的业务应用提供网络功能调用,在 SDN 架构中具有举足轻重的地位。因此,位于控制层的 SDN 控制器（Controller）一直以来都是 SDN 领域关注的焦点。

目前,开源社区提供了很多开源的 SDN 控制器,不同的控制器拥有各自的特点和优势。其中,NOX、Ryu、Flood-light 和 OpenDaylight 等控制器在架构和功能上比较具有典型性,已被业界广泛使用。

（4）北向接口

SDN 的核心理念在于推动网络业务的创新,而北向接口是这一理念的最主要推动力。通过北向接口,网络业务的开发者可利用软件编程的方式调用不同的网络资源和服务能力,网络业务编排系统可以获知网络资源的工作状态并对网络资源进行调度,实现资源的统一交付,从而更好地支持云计算等新业务对网络资源的需求。此外,SDN 北向接口还可以提供物理网络视图、虚拟网络叠加视图、指定域抽象视图、基本连接视图以及服务质量（Quality of Service,QoS）相关连接视图等。但是,目前 SDN 北向接口还没有确定统一的行业标准。

（5）应用层

应用层位于 SDN 三层架构的最顶层,它包括网络业务相关的管理、安全等基本应用,以及根据用户需求定制有其他指定功能的网络业务。根据具体的业务需求,应用层的内部可以做更细致的划分,其中下层的应用（如基本应用）为上层的应用（如定制业务）提供功能调用接口,使上层应用的开发更加方便。

**4. SDN 的应用与挑战**

与现有网络相比较,尤其是具有代表性的互联网网络,SDN 技术可以增强控制层的智能边缘转发能力、骨干网络的高效承载能力以及网络能力的开放和协同。

（1）数据中心场景

通过引入 SDN 技术,在数据中心物理网络基础上对不同的数据中心资源进行虚拟化,单个数据中心的网络能力可以合成为一个统一的网络能力池,从而缓解大规模云数据中心在承载多租户的业务时面临的扩展性、灵活性问题,提升了网络的集约化运营能力,实现了数据中心间组网方案的智能化承载。

可能的解决方案为在数据中心出口部署支持 SDN 技术的路由器设备,可实时监控链路的带宽利用率和应用的流量,并将监控结果提交给数据中心控制器。数据中心控制器集中控制各个数据中心出口的路由器设备,统一调配多个数据中心出口的链路和业务的流量流向,使得链路资源可根据当前的业务需求和链路情况进行调整,提升链路带宽资源的利用率。

(2) 城域骨干网场景

城域骨干网中,边缘控制设备(如宽带接入服务器(BRAS)和业务路由器(SR))是用户和业务接入的核心控制单元,不仅具备丰富的用户侧接口和网络侧接口,也实现业务/用户接入到骨干网络的信息交换等功能。边缘控制设备维护了用户相关的业务属性、配置及状态,如用户的 IP 地址、路由寻址的邻接表、动态主机配置协议(DHCP)地址绑定表、组播加入状态、PPPo E/IPo E 会话、Qo S 和访问控制列表(ACL)属性等,这些重要的表项和属性直接关系到用户的服务质量和体验。

基于 SDN 技术,可以将边缘的接入控制设备中路由转发之外的功能都提升到城域网控制器中实现,并可以采用虚拟化的方式实现业务的灵活快速部署。

在此场景中,网络控制器需要支持各种远端设备的自动发现和注册,支持远端节点与主控节点间的保活(Keep Alive)功能,并能够将统筹规划之后的策略下发给相应的远端设备进行转发,包括 IP 地址、基本路由协议参数、MPLS/VPN 封装参数、QoS 策略、ACL 策略等,而边缘的接入控制设备只实现用户接入的物理资源配置。同时,多台边缘设备可以虚拟成一台接入控制设备,将同一个城域网(或者分区域)虚拟化成为单独的网元,网管人员如同配置一台边缘路由器一样,实现统一配置和业务开通,并进行批量的软件升级。

(3) 接入网场景

接入网中的节点是网络中的海量节点,在日常运维中工作量巨大。在接入网中引入 SDN 技术,可以实现接入节点管理、维护的大大简化,方便快速部署新的业务。可能的解决方案中,与光线路终端(OLT)相连的远端节点(包括多住户单元(MDU)及 ADSL 接入复用器(DSLAM)等)变成只保留数据面的简单设备,实现流转发,将这些节点的控制面上移到独立的控制器或者 OLT 当中,远端节点的参数配置均由控制器来下发。

因为远端节点支持流转发,当有新的业务或需要在接入节点中启用新的特性时,很大一部分特性可以直接通过对流表的配置来实现,而不需要进行软件升级,这样大大加快了业务的部署速度。即使有些新业务在现有的控制面不能支持,也只是需要升级控制面,而不需要升级大量的远端节点。

SDN 设计之初并不是为通信网络提升效率,而主要是希望通过控制与转发面的分离,可以支持应用可编程的网络能力开放,以加强应用对于网络资源使用的管控力。因此,虽然 SDN 的引入可以支持控制面的集中化,简化运维并降低运维成本,也可以通过控制层软件的开放,支持客户化定制软件的创新,但是也同样带来了以下的技术挑战问题。

①虽然 Google 等应用提供商具有部署 SDN 的商用案例，但是对于大型网络中引入 SDN 技术，多域的组网以及大量转发设备的控制算法是非常复杂的，且 SDN 技术中基于流的转发性能是否能支持互联网海量的数据转发也是有待验证的问题。

②控制层成为网络的关键，网络操作系统 NOS 将会和 PC 操作系统、智能手机操作系统一样成为网络链条中的核心，集中式的控制核心对于运营商网络的安全可靠性要求更高，且对 NOS 的控制能力提出灵活性、自适应性等更高的要求。

③SDN 技术的标准除了南向接口 OpenFlow 的协议比较明确外，控制层的标准以及控制层的北向接口都还未得到业内的统一认识，标准化的力度还较弱，难以形成可商用化的系统或者设备。

总之，SDN 技术在网络中的引入还存在很多技术问题需要解决，也需要不断推进其标准化的进度，并在不断地实验验证过程中进行技术方案的逐步完善，可以说 SDN 的理念从提出到逐渐被网络应用仍需要一段较长的时期。

# 第3章　5G 网络架构

## 3.1　5G 功能特征

在蜂窝网络架构的基础上,对于 5G 网络架构,从信号的传输源头上进行研发设计(如提高基站的设备质量及功率,提高信号传输的稳定性及速率),从而使得移动终端在接收信号的过程中,不会因为各基站之间信号的重叠而降低用户体验。可以从以下几个特征考虑 5G 网络架构问题。

**1. 高数据流量**

在西方发达国家,正在经历 5G 革命,而在此次技术开发浪潮中,蜂窝网络架构的开发研究是重中之重。在未来,更快的传输速度、更大的数据流量、更密集的覆盖区域都是网络架构的主要方向。蜂窝网络架构在基于 4G 网络的基础之上,从用户角度着重开发先进的数据传输技术,在以传输基站为核心的网络传输区域,采取更高频率、更大容量的传输技术,从而更好地提升用户体验。

在当前技术条件下,要完成 5G 网络架构的升级是不太现实的,还必须开发更高频率、更大容量的传输技术,包括引入新型多载波技术、多址技术、高频调码技术、离散波段技术等。除了提高传输设备的先进性之外,还可以尝试在网络覆盖区域增大网络架构的密度,这样能够更好地增加移动数据终端数据传输的流畅性。5G 网络架构的设计开发正是以提高数据传输速率及质量为研究方向,在借助先进的传输设备的基础上,对蜂窝网络架构进行了大范围的应用探索分析。在提高小区网络传输容量的基础上,进一步缩小了各网络架构之间的传输薄弱区域。

**2. 低时延**

为了满足未来信号传输的速率及质量要求,5G 网络的硬件方面需要从多个角度综合考虑以最大限度地满足其毫秒级时延要求。而经过实践研究发现,广义频分复用技术从硬件、骨干传输等方面进行加工处理,采取物理层传输路线细分的方法,从而把时间节省出来。也有一些便于信号传输的内容缓存以及 D2D(设备到设备)技术可以在输入端与输出端之间进行功能调节和核心网络架构,从而有效避免有些内容的重复发送,提高了传送速率。在此期间,缓存性能也是一重点考虑因素,便于用户直接接触所需的内容和资料,在提高内容缓存质量的同时,能够协调管理好整体的资源配置。

**3. 海量终端**

预计到 2020 年,终端连接数目会迅速增长,5G 网络容量要有足够程度地提升,才能满足这种大幅度连接需求。其中,组网技术的使用可以使终端数目降低的同时减少基点的负担。从另一个方面来说,分化管理和中继站调整技术可以使信号、指令在小范围内进行汇聚,同一条信道上的数据量会迅速化解。不过随着这种技术的使用,人们对于网络的需求也是多元化的,协议栈的版本问题将成为限制因素之一。5G 网络能够提供差异化服务,也能够保证业务的互不干扰。

**4. 低成本和高能效**

技术在更新的同时成本也会在一定程度上增加,如何平衡这种因为多元需求所带来的成本问题,可以从以下几方面进行考虑。

(1) 减少各个站点的设备成本

云计算技术的分层管理和集中处理,能够在降低功能成本的同时减少维护成本。

(2) 新专用网络设备的成本控制

可以通过转化为企业外包,把更多精力放在新业务的开发和市场竞争上,而不是纠结于成本控制和设备耦合上。

(3) 传输过程的能耗控制

由于时延作用和传输速率的提高,传输过程中和基点的能耗相对较少,特别是无线链路的能效耗散得到了很大的控制。

(4) 集中化管理

由于控制面和数据面的信息分离,终端在不定时的随之移动,由此带来的负载也在减少。因为各种传输链路的集中式分化和协调管理,能够在信号传输中保持较强的稳定性和有序性,能提高效率;而在核心网中适当的蜂窝状集中化管理可以实现灵活的分流和路由效果,提高其开放性和适应性能。

(5) 基站功率的控制

在宏基站的覆盖范围内,基站功率的强弱也在一定程度上影响信号传输的强弱,从而作用于用户的体验质量。

基于以上问题的考虑,在超密集的网络架构下,宏基站的覆盖范围及信号的密集程度会大大提高;除此之外,蜂窝网络架构的合理设置还会缩短信号传输的空间距离,可以在一定程度上降低能耗。

# 3.2 5G网络架构设计思路

根据 IMT-2020(5G)推进组逻辑功能和平台部署角度,在白皮书中呈现了新型的 5G 网络架构设计。5G 网络架构设计包括系统设计和组网设计两个方面。系统设计重点考虑逻辑功能的实现以及不同逻辑功能之间的信息交互过程,通过构建功能平面设计更合理的统一的端到端网络逻辑架构。组网设计则聚焦设备平台和网络部署的实现方案,以充分发挥基于 SDN/NFV 技术的新型基础设施环境在组网灵活性和安全性方面的功能和潜力。

**1. 逻辑视图**

5G 网络逻辑视图由三个功能平面构成:接入平面、控制平面和转发平面。其中,接入平面引入多站点协作、多连接机制和多制式融合技术,构建更灵活的接入网拓扑;控制平面基于可重构的集中的网络控制功能;提供按需的接入、移动性和会话管理,支持精细化资源管控和全面能力开放;转发平面具备分布式的数据转发和处理功能,提供更动态的锚点设置,以及更丰富的业务链处理能力。如图 3.2.1 所示。

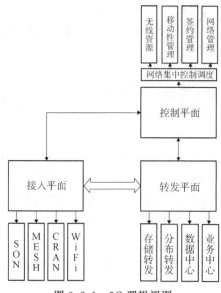

图 3.2.1  5G 逻辑视图

**2. 功能视图**

5G 网络采用模块化功能设计模式,并通过"功能组件"的组合,构建满足不同应用场景需求的专用逻辑网络。5G 网络以网络控制层的控制功能为核心,以网络资源层的网络接入和转发功能为基础资源,向上为管理编排层提供管理编排和网络开放的服务,形成三层网络功能视图,如图 3.2.2 所示。

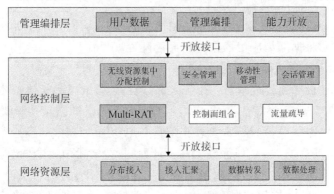

图 3.2.2  5G 功能视图

管理编排层由用户数据、管理编排和能力开放三部分功能组成。用户数据功能存储用户签约、业务策略和网络状态等信息。管理编排功能基于网络功能虚拟化技术,实现网络功能的按需编排和网络切片的按需创建。能力开放功能提供对网络信息的统一收集和封装,并通过 API 开放给第三方。

网络控制层的主要的功能模块包括:无线资源集中分配、多接入统一管控(Multi-RAT)、移动性管理、会话管理、安全管理、控制面组合和流量疏导等,其主要功能为实现网络控制功能重构及模块化。网络控制层的功能组件按管理编排层的指示,在网络控制层中进行组合,实现对资源层的灵活调度。

网络资源层包括接入侧功能和网络侧功能。接入侧包括接入侧的分布接入功能和业务汇聚功能。网络侧重点实现数据转发等功能。基于分布式锚点和灵活的转发路径设置,数据包被引导至相应的处理节点,实现高效转发和丰富的数据处理,如深度包检测,内容计费和流量压缩等。

**3. 5G 网络架构设计**

传统的移动通信无线接入网络架构秉承高度一致的网络架构设计原则,包括集中核心域提供控制与管理、分散无线域提供移动接入,用户面与控制面紧密耦合、网元实体与网元功能高度耦合。在 5G 时代,随着各种新业务和应用场景的出现,传统网络架构在灵活性和适应性方面略显不足。根据 5G 业务典型覆盖场景和关键性能指标分析,5G 无线接入网架构应具有高度的灵活性、扩展能力和定制能力的新型移动接入网架构,实现网络资源灵活调配和网络功能灵活部署,达到兼顾功能、成本、能耗的综合目标。因此,5G 无线网络架构设计须遵循以下几点原则。

（1）高度的智能性

实现承载和控制相分离,支持用户面和控制面独立扩展和演进,基于集中控制功能,实现多种无线网络覆盖场景下的无线网络智能优化和高效管理。

（2）网元和架构配置的灵活性

物理节点和网络功能解耦,重点关注网络功能的设计,物理网元配置则可灵活采取多种手段,根据网络应用场景进行灵活配置。

（3）建设和运维成本的高效性

5G 网络建设和运维成本是一个庞大的数目,建设成本和运维成本的合理控制是 5G 能否成功运营的关键,因此成本目标是 5G 无线网络架构设计首要考虑目标,在进行网络架构设计时需要考虑选择成本,使用更加高效的设计方案。

根据以上所述的 5G 无线网络架构设计原则,在实际 5G 无线网络架构设计过程中,需要依次考虑 5G 无线逻辑架构和 5G 无线部署架构两个层面。5G 无线逻辑架构是指根据业务应用特性和需求,灵活选取网络功能集合,明确无线网络功能模块之间的逻辑关系和接口设计。5G 无线部署架构是指从 5G 无线逻辑架构到物理网络节点的映射实现。

虚拟化和切片是 5G 核心网的关键技术特征。5G 网络将是演进和革新两者融合的,5G 将形成新的核心网,并演进现有 EPC 核心网功能,以功能为单位按需解构网络。网络将变成灵活的、定制化的、基于特定功能需求的、运营商或垂直行业拥有的网络。这就是虚拟化和切片技术可以实现的,也是 5G 核心网标准化的主要工作。5G 基础设施平台将更多的选择由基于通用硬件架构的数据中心构成支持 5G 网络的高性能转发要求和电信级的管理要求,并以网络切片为实例,实现移动网络的定制化部署。

5G 网络架构设计可以从逻辑上分为四个层次。

中心级:以控制、管理和调度职能为核心,如虚拟化功能编排、广域数据中心互连和 BOSS 系统等,可按需部署于全国节点,实现网络总体的监控和维护。

汇聚级:主要包括控制面网络功能,如移动性管理、会话管理、用户数据和策略等。可按需部署于省份一级网络。

区域级:主要功能包括数据面网关功能,重点承载业务数据流,可部署于地市一级。移动边缘计算功能、业务链功能和部分控制面网络功能也可以下沉到这一级。

接入级:包含无线接入网的 CU 和 DU 功能,CU 可部署在回传网络的接入层或者汇聚层;DU 部署在用户近端。CU 和 DU 间通过增强的低时延传输网络实现多点协作化功能,支持分离或一体化站点的灵活组网。

借助于模块化的功能设计和高效的 NFV/SDN 平台。在 5G 组网实现中,上述组网功能元素部署位置无须与实际地理位置严格绑定,而是可以根据每个运营商的网络规划、业务需求、流量优化、用户体验和传输成本等因素综合考虑,对不同层级的功能加以灵活整合,实现多数据中心和跨地理区域的功能部署。

**4. 智能无线网络**

5G 无线接入网改变了传统以基站为中心的设计思路,突出"网随人动"新要求,具体能力包括灵活的无线控制、无线智能感知和业务优化、接入网协议定制化部署。

(1) 灵活的无线控制

按照"网随人动"的接入网设计理念,通过重新定义信令功能和控制流程实现高效灵活的空口控制和简洁健壮的链路管理机制。

通过将 UE 的上下文和无线通信链路与为该 UE 提供无线传输资源的小区解耦,5G 智能无线网络协议栈直接以 UE 为单位管理无线通信链路和上下文,并将为该 UE 的服务小区作为一种空口无线资源——小区域,灵活地与时域、频域/码域和空域等进行四维无线资源的系统调度。系统每次进行资源授权时,在确定 UE 可用的空口传输时间(时域)之后,首先确定 UE 可用的小区(小区域),再确定 UE 在这些可用的小区内的频率域/码域/功率域,以及天线选择的空间域无线资源。协议栈功能可根据 UE 对空口信道质量的要求,对服务于 UE 的多种不同的物理层空口传输技术进行灵活控制。

(2) 无线智能感知和业务优化

为了更充分地利用无线信道资源,可以通过接入网和应用服务器的双向交互来实现无线信道与业务的动态匹配。接入网和应用服务器的双向交互体现在以下两个方面。

①接入网向应用服务器提供接入网络状态信息,如当前服务用户可用的吞吐量信息等,应用服务器根据网络状态信息进行速率估计和应用速率适配;

②应用服务器向接入网传递相关应用信息,如视频加速请求信息,接入网根据这些信息提供服务适配,进行服务等级动态升级。

智能无线网络通过无线智能感知功能,能够提高业务感知和路由决策的效率,能够实现业务的灵活分发和跨网关平滑的业务迁移。

(3) 接入网协议定制化部署

在无线智能感知的基础上,在网络架构设计中接入网协议栈可以针对业务需求类型提供差异化的配置,即软件定义协议技术。

软件定义协议技术通过动态定义的适配不同业务需求的协议栈功能集合,为多样化的业务场景提供差异化服务,使得单个接入网物理节点能充分满足多种业务的接入需求。当业务流到达时,接入网首先对业务流进行识别,并将其导向到相应的协议栈功能集合进行处理。如无线接入网根据业务的不同场景需求和差异化特性采用不同的协议栈功能集合,针对自动驾驶高实时性/移动性要求场景,其协议栈功能集合需要支持专用的移动性管理功能和承载管理功能,同时可以通过简化部分协议栈功能(如健壮性包头压缩 ROHC)以减少时延;而针对每平方千米100 万连接密度的固定物联网设备接入场景,移动性管理功能可以裁剪。

1) 按需的会话管理

按需的会话管理是指 5G 网络会话管理功能可以根据不同终端属性、用户类别和业务特征灵活地配置连接类型、锚点位置和业务连续性能力等参数,如 4G 中针对互联网应用的"永久在线"连接将成为 5G 会话的一个选项。用户可以根据业务特征选择连接类型,如选择支持互联网业务的 IP 连接;利用信令面通道实现无连接的物联网小数据传输;或为特定业务定制 Non-IP 的专用会话类型。用户可以根据传输要求选择会话锚点的位置和设置转发路径。对移动性和业务连续性要求高的业务,网络可以选择网络中心位置的锚点和隧道机制,对于实时性要求高的交互类业务则可以选择锚点下沉、就近转发;对转发路径动态性较强的业务则可以引入 SDN 机制实现连接的灵活编程。

2) 按需的移动性管理

网络侧移动性管理包括在激活态维护会话的连续性和空闲态保证用户的可达性。通过对激活和空闲两种状态下移动性功能的分级和组合,根据终端的移动模型和其所用业务特征,有针对性地为终端提供相应的移动性管理机制。如针对海量的物联网传感终端无移动性、成本敏感和高节能的要求,网络可选择不检测空闲态传感器终端是否可达,只在终端主动结束休眠和网络联系的时候,才能发送上下行数据,从而有效地节约电量。在激活态,网络可以简化状态维护和会话管理机制,大大降低终端的成本。

此外,网络还可以按照条件变化动态调整终端的移动性管理等级。如对一些垂直行业应用,在特定工作区域内可以为终端提供高移动性等级,来保证业务连续性和快速寻呼响应,在离开该区域后,网络动态将终端移动性要求调到低水平,提高节能效率。

3) 按需的安全功能

5G 为不同行业提供差异化业务,需要提供满足各项差异化安全要求的完整性安全性方案。如 5G 安全需要为移动互联网场景提供高效、统一兼容的移动性安全管理机制,5G 安全需要为移动物联网场景提供更加灵活开放的认证架构和认证方式,支持新的终端身份管理能力;5G 安全要为网络基础设施提供安全保障,为虚拟化组网、多租户多切片共享等新型网络环境提供安全隔离和防护功能。

4）控制面按需重构

控制面重构重新定义控制面网络功能，实现网络功能模块化，降低网络功能之间交互复杂性，实现自动化的发现和连接，通过网络功能的按需配置和定制，满足业务的多样化需求。控制面按需重构具备以下功能特征。

接口中立：网络功能之间的接口和消息应该尽量重用，通过相同的接口消息向其他网络功能调用者提供服务，将多个耦合接口转变为单一接口从而减少了接口数量。网络功能之间的通信应该和网络功能的部署位置无关。

网络数据库融合：用户签约数据、网络配置数据和运营商策略等需要集中存储，便于网络功能组件之间实现数据实时共享。网络功能采用统一接口访问融合网络数据库，减少信令交互。

控制面交互：负责实现与外部网元或者功能间的信息交互。收到外部信令后，该功能模块查找对应的网络功能，并将信令导向这组网络功能的入口，处理完成后结果将通过交互功能单元回送到外部网元和功能。

网络组件集中管理：负责网络功能部署后的网络功能注册，网络功能的发现和网络功能的状态检测等。

# 3.3　5G 网络系统架构

## 1. 整体架构和功能

整个系统结构沿用 LTE 扁平化网络架构由下一代核心网（Next Generation Core，NGC）和下一代无线接入网（Next Generation-Radio Access Network，NG-RAN）和用户设备（User Equipment，UE）三部分组成。如图 3.3.1 所示。

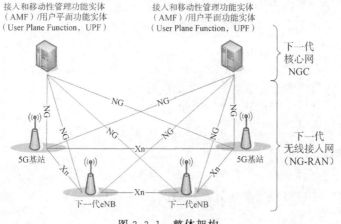

图 3.3.1　整体架构

NR 中的节点包括以下两类：

gNB：5G 基站。该节点为 5G 网络的用户面协议和控制面协议的终点；gNB 可以支持 FDD 模式，TDD 模式或者同时支持双模。

ng-eNB：下一代 eNodeB，即升级后的 4G 基站。该节点为 E-UTRAN 用户面协议和控制面协议的终点。

NR 中的节点包括 Xn 接口和 NG 接口。gNB 和 ng-eNB 节点通过 Xn 接口相互连接。gNB 和 ng-eNB 节点通过 NG 接口连接到 5GC，其中通过 NG-C 接口连接到接入和移动性管理实体（Access and Mobility Management Function，AMF），通过 NG-U 接口连接到用户平面功能实体（User Plane Function，UPF）。Xn 接口也根据传输信息的不同分为 Xn 用户平面 Xn-U 接口和 Xn 控制平面 Xn-C 接口。

5G 系统架构各节点功能如下。

（1）gNB 和 ng-eNB 的功能

- 无线资源管理功能：无线承载控制、无线准入控制、连接移动性控制、上行链路和下行链路资源的动态分配（调度）；
- IP 报头压缩、加密和数据完整性保护；
- UE 接入时，如果无法从 UE 提供的信息确定到 AMF 的路由时的 AMF 选择；
- 用户平面数据到 UPF(s) 的路由功能；
- 控制平面信息到 AMF 的路由功能；
- 连接建立和释放；
- 寻呼消息的调度和发送；
- 系统广播信息的调度和发送（源自 AMF 或 O&M）；
- 移动性和调度的测量和测量报告配置；
- 上行链路上的传送级别分组标记；
- 会话管理；
- 网络切片支持；
- Qos 流管理和到数据无线承载的映射；
- RRC_INACTIVE 状态下的 UE 持；
- 非接入层（Non-access Stratum，NAS）消息的分配；
- 无线接入网共享；
- 双重连接性；
- NR 与 E-UTRAN 紧密互操作功能。

（2）接入和移动性管理 AMF 功能

- NAS 信令终止；
- NAS 信令安全性；
- 接入层（Access Stratum，AS）安全性控制
- 3GPP 接入网之间的 CN 节点间移动性信令；
- 空闲模式 UE 可达性（包括对寻呼消息重传的控制和执行）；
- 登记区管理；
- 系统内和系统间的移动性支持；
- 接入认证管理；
- 接入授权，包括漫游权限检查的接入认证管理；
- 移动性管理控制（签署和策略）；
- 网络切片支持；
- 会话管理功能实体（Session Management Function，SMF）的选择。

（3）用户平面 UPF 功能

- 用于无线接入类型（Radio Access Type，RAT）内部和不同无线接入类型之间的锚点（适用时）；
- 数据网络互连的外部分组数据单元（Packet Data Unit，PDU）会话点；
- 分组路由和转发；
- 分组巡检和策略规则执行的用户平面部分；
- 业务使用情况报告；
- 支持至数据网络的业务路由功能的标识；
- 支持多宿主 PDU 会话的上行业务分支点；
- 用户平面的 QoS 处理，如分组过滤、门限、UL/DL 速率执行；
- 上行业务验证（业务数据流（Service Data Flow，SDF）到 QoS 流的映射）；
- 下行分组缓存和下行数据通知触发。

（4）会话管理功能（SMF）

- 会话管理；
- UE 的 IP 地址分配与管理；
- UP 功能的选择和控制；
- 在 UPF 配置业务导向，将业务引导到正确的目的地；
- 部分策略执行和 QOS 控制；
- 下行数据通知。

5G 系统架构的功能划分如图 3.3.2 所示。

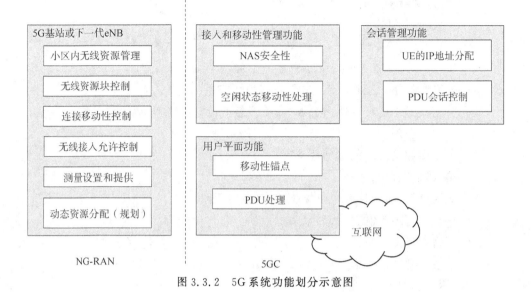

图 3.3.2 5G 系统功能划分示意图

## 2. 网络接口

（1）NG-U 接口

NG 用户平面 NG-U 接口是在 NG-RAN 节点和 UPF 之间定义的。NG-U 接

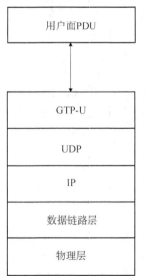

图 3.3.3 NG-U 接口协议栈

口的协议栈如图 3.3.3 所示。传输网络层建立在 IP 传输之上，在 UDP/IP 之上使用用户层面的 GPRS 隧道协议，GTP-U 将用户平面分组数据单元 PDU 在 NG-RAN 节点和 UPF 之间进行传输。

NG-U 在 NG-RAN 节点和 UPF 之间提供无保证的用户平面 PDU 传送。

（2）NG-C 接口

NG 控制平面 NG-C 接口定在 NG-RAN 节点和 AMF 之间。NG 接口的控制平面协议栈如图 3.3.4 所示。传输网络层建立在 IP 传输之上。为了可靠地传输信令消息，在 IP 之上添加了 SCTP（Stream Control Transmission Protocol，流控制传输协议）。应用层信令协议称为 NGAP（NG application protocol）。SCTP 层提供了可靠的应用层消息传递。在传输中，采用 IP 层点对点传输来传输信令 PDU。

NG-C 提供的功能包括:NG 接口管理;UE 上下文管理;UE 移动性管理;NAS 消息的传输;寻呼;PDU 会话管理;配置转移;警告信息传输。

（3）Xn-U 接口

Xn 用户平面 Xn-U 接口定义在两个 NG-RAN 节点之间。Xn 接口上的用户平面协议栈如图 3.3.5 所示。传输网络层建立在 IP 传输之上,在 UDP/IP 之上使用 GTP-U 来承载用户平面 PDU。

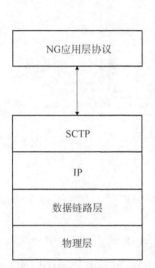

图 3.3.4　NG-C 接口协议栈

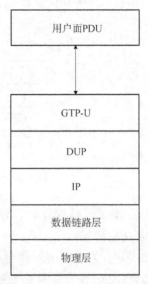

图 3.3.5　Xn-U 接口协议栈

Xn-U 提供无保证的用户平面 PDU 传送,支持的功能包括数据转发和流控制。

（4）Xn-C 接口

Xn 控制平面 Xn-C 接口定义在 NG 或 NG-eNB 之间。Xn-C 接口协议栈如图 3.3.6 所示。传输网络层建立在 IP 之上的 SCTP 之上。应用层信令协议称为 Xn 应用协议（Xn-AP）。SCTP 层提供了可靠的应用层消息传递。在传输 IP 层中,采用点对点传输来传输信令 PDU。

Xn-C 接口支持这些功能:Xn 接口管理;UE 移动性管理,包括上下文传输和 RAN 寻呼;双连接。

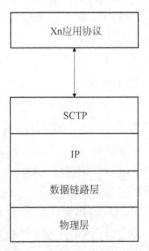

图 3.3.6　Xn-C 接口协议栈

### 3. 空中接口协议架构

5G 系统的空中接口协议栈根据用途可以分为用户平面协议栈和控制平面协议栈。用户平面协议栈主要包括物理（PHY）层、媒体接入控制（MAC）层、无线链路控制（RLC）层、分组数据汇聚（PDCP）层和业务数据适配（SDAP）层五个层次，这些子层在网络侧均终止于 gNB 实体。其中，SDAP 层为 5G 新增加的子层。

（1）用户平面协议栈

空中接口用户平面协议栈如图 3.3.7 所示。

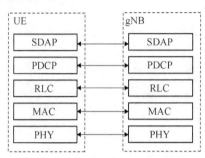

图 3.3.7　空中接口用户平面协议栈

物理层：负责处理编译码、调制解调、多天线映射以及其他物理层功能；提供给 MAC 子层传输通道。

第二层划分为媒体接入控制（MAC）子层、无线链路控制（RLC）子层、分组数据汇聚协议（PDCP）子层和业务数据适配（SDAP）子层。其中，MAC 子层提供给 RLC 子层逻辑通道；MAC 子层可以提供逻辑通道与传输通道之间的映射、MAC SDU 的多路复用/解复用、规划信息报告、通过 HARQ 纠错、采用动态调度进行 UE 之间的优先级处理和采用逻辑通道优先级化的方式进行某 UE 逻辑通道之间的优先级处理、填充等。

一个 MAC 实体可以支持多种数字技术、传输时隙和小区。逻辑通道优先级的映射限制控制逻辑通道可以使用的数字技术、传输时隙和小区。

RLC 子层提供给 PDCP 子层 RLC 通道。RLC 子层支持透明模式（TM）、非确认模式（UM）和确认模式（AM）三种传输模式。

PDCP 子层提供给 SDAP 子层无线承载。PDCP 子层的功能根据用户平面和控制平面来划分。其中，PDCP 子层用户平面的主要服务和功能包括：序列编号；头压缩和解压缩；用户数据的传送、重新排序和重复检测；在分裂承载情况下的 PDU 路由；PDCP SDU 重传、加密、解密和完整性保护；PDCP SDU 丢弃；RLC AM 模式下的 PDCP 重建和数据恢复；PDCP PDU 的复制。PDCP 子层控制平面的主要服务和功能包括：序列编号、加密、解密和完整性保护；控制平面数据的传输、重新排序和重复检测;PDCPPDU 的复制。

SDAP 子层为 5G 新增加子层,它提供 5G 核心网 5GC 服务质量等级 QoS 流。SDAP 的主要服务和功能包括:QoS 流与数据无线承载之间的映射、在下行和上行分组中标记 QoS 流标识(QFI)。每一个单独的 PDU 会话需配置单独的 SDAP 协议实体。

38.300 协议中显示了第二层数据流的一个示例,如图 3.3.8 所示。

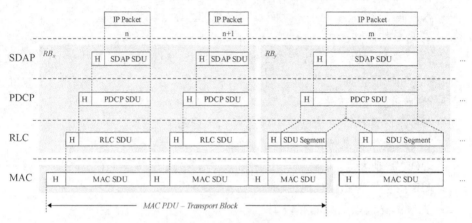

图 3.3.8　层 2 数据流示例

图中,MAC 通过连接来自 RBx 的两个 RLC PDU 和来自 RBy 的一个 RLC PDU 生成一个传输块。RBx 的两个 RLC PDU 分别对应一个 IP 包(n 和 n+1),RBy 的 RLC PDU 是 IP 包(m)的一个段。

(2) 控制平面协议栈

控制平面协议栈如图 3.3.9 所示。

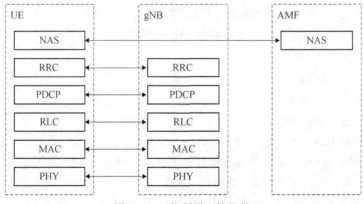

图 3.3.9　控制平面协议栈

相比用户平面协议,控制平面协议增加无线资源控制 RRC 子层。RRC 子层的主要服务和功能包括:

➢ 广播与 AS 和 NAS 有关的系统信息;

➢ 由 5GC 或 NG-RAN 发起的寻呼消息;

➢ 在 UE 和 NG-RAN 之间建立、维护和释放 RRC 连接,包括:

• 载波聚合的增加、修改和释放;

• NR 或 E-UTRA 和 NR 之间双重连接的增加、修改和释放;

• 包括密钥管理的安全功能;

➢ 建立、配置、维护和释放信令无线承载(SRBs)和数据无线承载(DRBs);

➢ 移动性功能包括:

• 切换和上下文转移;

• UE 小区选择和重选以及小区选择和重选的控制;

• inter-RAT 移动性;

• QOS 管理功能;

• UE 测量报告和报告的控制;

• 无线链路失败的检测和恢复;

• NAS 消息在 NAS 和 UE 之间的传递。

RRC 支持以下状态。

➢ RRC_IDLE:

• PLMN 选择;

• 系统信息广播;

• 小区重选移动性;

• 5GC 发起的移动端数据寻呼;

• 5GC 管理移动的移动端数据区域的寻呼;

• 用于由 NAS 配置的 CN 寻呼的 DRX(非连续接收)。

➢ RRC_INACTIVE:

• PLMN 选择;

• 系统信息广播;

• 小区重选移动性;

• 由 NG-RAN 发起的寻呼(RAN 寻呼);

• 由 NG-RAN 管理基于 RAN 的通知区(RNA);

• NG-RAN 配置的 RAN 寻呼的 DRX;

• 为 UE 建立 5GC-NG-RAN 连接(控制/用户平面);

• 存储在 NG-RAN 和 UE 中的 UE 应用协议上下文;

- NG-RAN 应知的 UE 所属 RNA。
- RRC_CONNECTED：
  - 为 UE 建立 5GC-NG-RAN 连接（控制/用户平面）；
  - 存储在 NG-RAN 和 UE 中的 UE 应用协议上下文；NG-RAN 应知的 UE 所属 RNA
  - 至/从 UE 的单播数据传送；
  - 包括测量在内的网络控制移动性。

**4. 无线接入网 CU-DU 架构**

5G 网络支持无线接入网集中化或非集中化的部署，同时在同一地理区域也可以支持异构的网络部署。

（1）非集中化的部署架构

在非集中化部署方案中，gNB 支持完整的协议栈，如宏蜂窝或室内热点环境下。gNB 可以连接到任意传输点，gNB 能够通过无线接入网接口连接到其他 gNB 或者 LTE eNBs。如图 3.3.10 所示。

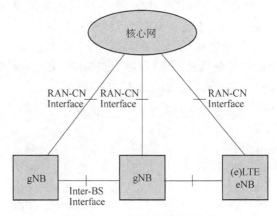

图 3.3.10　非集中化部署架构

（2）集中化部署架构

5G 支持 NR 无线协议栈上层的集中化部署。集中化部署架构如图 3.3.11 所示。在中央单元 CU 和 gNB 低层协议部分之间可以进行协议切片，中央单元 CU 和 gNB 低层协议部分之间可以依赖传输层进行功能划分。

在中央单元 CU 和 gNB 低层协议部分之间的高性能传输（如光网络），可以支持高级的 CoMP 方案和调度优化，这种方案特别适用于大容量场景或跨小区协场景中。另外，由于高层协议对于带宽、延迟、同步和抖动等问题要求进行低性能传输，因此在集中化部署中，也要求中央单元 CU 和 gNB 低层协议部分之间能够支持低性能传输功能。

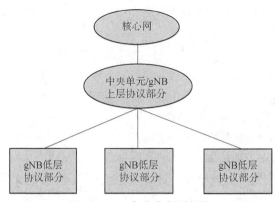

图 3.3.11　集中化部署架构

（3）CU-DU 的逻辑功能划分

3GPP 针对 CU-DU 的划分将研究中央单元 CU 和分布式单元 DU 之间的不同功能划分。CU 是一个集中式节点，对上通过 NG 接口与核心网（NGC）相连接，在接入网内部则能够控制和协调多个小区，包含协议栈高层控制和数据功能；DU 是分布式单元，实现射频处理功能和 RLC（无线链路控制）、MAC（媒质接入控制）以及 PHY（物理层）等基带处理功能。狭义上，基于实际设备实现，DU 仅负责基带处理功能，RRU（远端射频单元）负责射频处理功能，DU 和 RRU 之间通过 CPRI（Common Public Radio Interface）或 ECPRI 接口相连。

在具体的逻辑功能划分中，3GPP 提供了八种切分方案选择，具体的功能划分如图 3.3.12 所示。

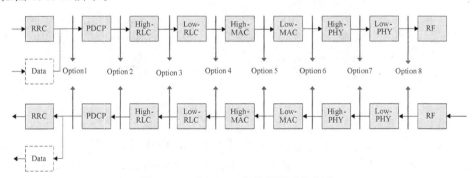

图 3.3.12　CU-DU 架构逻辑功能划分

方案一　RRC 位于中央单元，而 PDCP 层、RLC 层、MAC 层、物理层和 RF 单元都位于分布单元。

方案二　RRC、PDCP 层位于中央单元，而 RLC 层、MAC 层、物理层和 RF 单元都位于分布单元。

　　**方案三**　RRC、PDCP 和 RLC 的部分功能（高层部分）位于中央单元，而 MAC 层、物理层和 RF 单元都位于分布单元。

　　**方案四**　RRC、PDCP 和 RLC 层位于中央单元，而，MAC 层、物理层和 RF 单元都位于分布单元。

　　**方案五**　RRC、PDCP、RLC 层和高层 MAC 层位于中央单元，而低层 MAC 层，物理层和 RF 单元都位于分布单元。

　　**方案六**　RRC、PDCP、RLC 层和 MAC 层位于中央单元，而物理层和 RF 单元都位于分布单元。

　　**方案七**　高层物理层以上都位于中央单元，而低层物理层和 RF 单元都位于分布单元。

　　**方案八**　物理层以上都位于中央单元，而 RF 单元都位于分布单元。

　　具体的设备实现主要存在两种方式：CU/DU 合设方案和 CU/DU 分离方案。CU/DU 合设方案类似 BBU 设备，在单一物理实体中同时实现 CU 和 DU 的逻辑功能，并采用 ASIC 等专用芯片实现。为保证后续扩容和新功能引入的灵活性，也可以采用 CU 板＋DU 板的架构方式。CU/DU 分离方案则存在两种类型的物理设备：独立的 DU 设备和独立的 CU 设备。按照 3GPP 的标准架构，DU 负责完成 RLC/MAC/PHY 等实时性要求较高的协议栈处理功能，而 CU 负责完成 PDCP/RRC/SDAP 等实时性要求较低的协议栈处理功能。具体的功能切分可以根据 3GPP 建议方案进行选择。

# 3.4　5G 物理层

**1. 物理层**

　　5G 无线接口包括用户设备和网络之间的接口。无线接口由第一层、第二层和第三层组成。物理层、第二层的媒体接入控制（MAC）子层、第三层的无线资源控制（RRC）层接口和整体结构如图 3.4.1 所示。

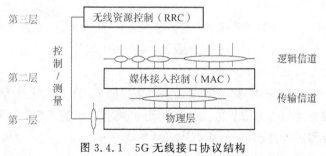

图 3.4.1　5G 无线接口协议结构

图 3.4.1 中,不同层/子层之间的圆圈表示服务接入点。在协议层次中,MAC 层实现逻辑信道向传输信道的映射,而物理层实现传输信道向物理信道的映射,以传输信道为接口向上层提供数据传输的服务。

物理层可以提供以下功能。

- 传输信道上的错误检测和到更高层的指示;
- 传输信道的 FEC 编码/解码;
- HARQ 软合并;
- 编码传输信道与物理信道的速率匹配;
- 将编码传输信道映射到物理信道;
- 物理信道的功率加权;
- 物理信道的调制和解调;
- 频率与时间同步;
- 无线特性测量和指示到更高的层;
- 多输入多输出(MIMO)天线处理;
- 射频处理。

物理层的下行链路采用带循环前缀的正交频分复用方式(CP-OFDM);对于上行链路,支持带有循环前缀的正交频分复用,其离散傅立叶变换扩频预编码功能可以选择执行或者禁用。处理方式如图 3.4.2 所示。

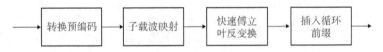

注:转换预编码功能仅限于上行链路可选,不适用于下行链路。

图 3.4.2　带可选预编码的 CP-OFDM 的上下行链路数据处理

为了支持成对和非成对频谱的传输,支持频分双工(FDD)和时分双工(TDD)两种方式,允许物理层适应不同的频谱分配。

**2. 帧结构**

一个 5G 帧长度为 10 ms,包含两个长度为 5 ms 的半帧,分别为半帧 0 和半帧 1,每个半帧由 5 个长度为 1 ms 的子帧组成,半帧 0 由子帧号 0～4 组成,半帧 1 由子帧 5～9 组成。帧结构如图 3.4.3 所示。

5G 引入了基于可扩展参数集(numerology)的 OFDM 多址接入方式,用以支持不同频率资源的组合和部署方式。基于可扩展参数集的 OFDM,子载波间隔能够随着信道带宽进行灵活扩展,从而使得离散傅立叶变换的尺寸也可以灵活扩展,降低了大带宽下的处理复杂度。

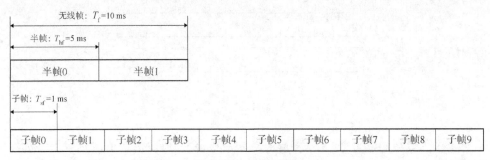

图 3.4.3　5G 帧结构

根据可扩展参数集的定义,5G 可采用的子载波间隔 15 KHz 的 $2^{\mu}$ 倍,其中 $\mu$ 和循环前缀 CP 可以从高层参数"$subcarrierSpacing$"和"$cyclicPrefix$"取得。具体的取值如表 3.4.1 所示。

表 3.4.1　5G 可扩展参数集

| $\mu$ | $\Delta f = 2^{\mu} \cdot 15 \text{ kHz}$ | 循环前缀<br>Cyclic prefix | 是否可以用于数据 | 是否可用于同步 |
| --- | --- | --- | --- | --- |
| 0 | 15 | 正常 | 是 | 是 |
| 1 | 30 | 正常 | 是 | 是 |
| 2 | 60 | 正常,扩展 | 是 | 否 |
| 3 | 120 | 正常 | 是 | 是 |
| 4 | 240 | 正常 | 否 | 是 |

其中,$\mu = \{0,1,3,4\}$ 可以用于主同步信号(PSS),辅同步信号(SSS)和物理广播信道(PBCH);$\mu = \{0,1,2,3\}$ 可以用于其他信道。正常 CP 可以支持所有的子载波间隔,扩展 CP 可以用于 $\mu = 2$ 的子载波间隔。每个物理资源块(Physical Resource Block,PRB)在频域包括 12 个连续子载波。

5G 的基本时间单位 $T_c = \dfrac{1}{\Delta f_{max} \cdot N_f} = 5.1 \times 10^{-10} \text{ s}$,其中 $\Delta f_{max} = 480 \text{ kHz}$,$N_f = 4\,096$;对比 LTE 的时间单位 $T_s = \dfrac{1}{\Delta f_{ref} \cdot N_{f,ref}} = 3.2 \times 10^{-7} \text{ s}$,其中 $\Delta f_{ref} = 15 \text{ kHz}$,$N_{f,ref} = 2\,048$。$T_s$ 和 $T_c$ 的比值 $\kappa = T_s / T_c = 64$。

5G 不设置单独的保护子帧 GP 用于上下行保护间隔,而是采用时间提前的方式进行上下行间隔。从 UE 发送的第 $i$ 个上行链路帧将比其相关的下行链路帧提前 $T_{TA}$ 时间发送。这里 $T_{TA} = (N_{TA} + N_{TA,offset}) T_c$,其中为 $N_{TA}$ 上下行链路之间的时间提前量,$N_{TA,offset}$ 为用于计算时间提前量的固定偏移。上下行链路时间关系如图 3.4.4 所示。

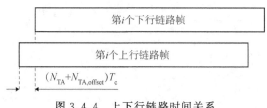

图 3.4.4　上下行链路时间关系

由于子载波间隔可变,每个子帧时隙相应也可变,时隙的取值对对应于子载波间隔指示 $\mu$。在一个子帧里,时隙以 $n_s^\mu$ 顺序编号,其中 $n_s^\mu \in \{0, \cdots, N_{slot}^{subframe,\mu} - 1\}$, $N_{slot}^{subframe,\mu}$ 为每子帧与 $\mu$ 对应的时隙数。而在一个帧里面,时隙以 $n_{s,f}^\mu$ 顺序编号,其中 $n_{s,f}^\mu \in \{0, \cdots, N_{slot}^{frame,\mu} - 1\}$,其中 $N_{slot}^{sframe,\mu}$ 为每子帧与 $\mu$ 对应的时隙数。具体的数值如表 3.4.2 和表 3.4.3 所示。

表 3.4.2　正常循环前缀下的每时隙 OFDM 符号数、每帧时隙数以及每子帧时隙数

| $\mu$ | $N_{symb}^{slot}$ | $N_{slot}^{frame,\mu}$ | $N_{slot}^{subframe,\mu}$ |
|---|---|---|---|
| 0 | 14 | 10 | 1 |
| 1 | 14 | 20 | 2 |
| 2 | 14 | 40 | 4 |
| 3 | 14 | 80 | 8 |
| 4 | 14 | 160 | 16 |

表 3.4.3　扩展循环前缀下的每时隙 OFDM 符号数、每帧时隙数以及每子帧时隙数

| $\mu$ | $N_{symb}^{slot}$ | $N_{slot}^{frame,\mu}$ | $N_{slot}^{subframe,\mu}$ |
|---|---|---|---|
| 2 | 12 | 40 | 4 |

5G 时隙长度分别为 1 ms,0.5 ms,0.25 ms,0.125 ms 和 0.062 5 ms。正常循环前缀下每时隙的 OFDM 符号数为 14 个,扩展循环前缀下每时隙的 OFDM 符号数为 12 个。同一帧内的子帧时隙起始位置与 OFDM 符号的起始位置对齐。

**3. 信道带宽**

根据 3GPP 协议,5G 有六种信道带宽配置:1.4 MHz、3 MHz、5 MHz、10 MHz、15 MHz 和 20 MHz,其中各信道带宽与无线资源块对应关系如表 3.4.4 所示。

表 3.4.4　信道带宽与无线资源块对应关系

| 信道带宽/MHz | 1.4 | 3 | 5 | 10 | 15 | 20 |
|---|---|---|---|---|---|---|
| 无线资源块 | 6 | 15 | 25 | 50 | 75 | 100 |

**4. 信道映射**

在无线接口协议层次中,包括物理信道、传输信道和逻辑信道。

（1）物理信道

物理信道是将属于不同用户、不同功用的传输信道数据流分别按照相应的规则确定其载频、扰码、扩频码和开始结束时间等进行相关的操作,并在最终调制为模拟射频信号发射出去。物理信道按照上下行链路区分。

下行链路中定义的物理通道为:

- 物理下行共享通道（Physical Downlink Shared Channel,PDSCH）
- 物理下行控制通道（Physical Downlink Control Channel,PDCCH）
- 物理广播频道（Physical Broadcast Channel,PBCH）

上行链路中定义的物理信道为:

- 物理随机接入通道（Physical Random Access Channel,PRACH）
- 物理上行共享通道（Physical Uplink Shared Channel,PUSCH）
- 物理上行控制通道（Physical Uplink Control Channel,PUCCH）

（2）传输信道

传输信道是在对逻辑信道信息进行特定处理后,再加上传输格式等指示信息后的数据流。传输信道是通过描述物理层特性使物理层能够为 MAC 和更高的层提供信息传输服务。

下行传输信道包括:

- 广播信道（Broadcast Channel,BCH）
- 下行共享信道（Downlink Shared Channel,DL-SCH）
- 寻呼信道（Paging Channel,PCH）

上行传输信道包括:

- 上行共享信道（Uplink Shared Channel,UL-SCH）
- 随机接入信道（Random Access Channel,RACH）

（3）逻辑信道

MAC 提供了传输信道和逻辑信道之间的映射。每个逻辑通道类型由传输的信息类型定义。逻辑信道分为控制信道和业务信道两组。

控制信道仅用于控制平面信息的传输,包括以下四种信道。

- 广播控制信道（Broadcast Control Channel,BCCH）:广播系统控制信息的下行信道
- 寻呼控制通道（Paging Control Channel,PCCH）:传输传呼信息、系统信息更改通知和正在进行的 PWS 广播指示的下行通道
- 公共控制信道（Common Control Channel,CCCH）:用于在 UE 与网络之间

传输控制信息的信道。此通道用于与网络没有 RRC 连接的 UE
- 专用控制信道(Dedicated Control Channel,DCCH):在 UE 和网络之间传输专用控制信息的点对点双向信道。用于具有 RRC 连接的 UE

业务通道只用于传送用户面的信息,专用业务通道(Dedicated Traffic Channel,DTCH):点对点通道,专用于一个 UE,用于用户信息的传输。DTCH 可以存在于上行链路和下行链路中。

(4)信道映射

具体的信道映射关系如图 3.4.5 和图 3.4.6 所示。

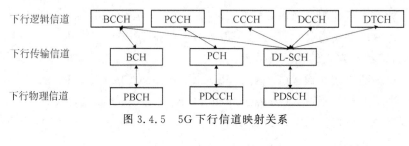

图 3.4.5 5G 下行信道映射关系

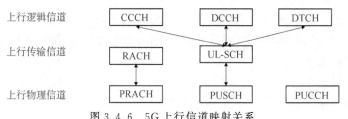

图 3.4.6 5G 上行信道映射关系

### 5. 调制和编码

下行链路支持 QPSK,16QAM,64QAM 和 256QAM 的调制方案。

上行链路:CP-OFDM 多址接入方案采用 QPSK,16QAM,64QAM 和 256QAM 的调制方案;基于 CP 的 DFT-s-OFDM 多址接入方案采用 $\frac{\pi}{2}$-BPSK,16QAM,64QAM 和 256QAM 的调制方案。

传输块的信道编码方案为准循环 LDPC 码,每个基图对应 2 个基图和 8 组奇偶校验矩阵。一个基图用于大于一定大小初始传输码率高于阈值的代码块,否则将使用另一个基本图。在进行 LDPC 编码之前,对于较大的传输块,将传输块分割为多个大小相等的代码块。PBCH 和控制信息的信道编码方案是基于嵌套序列的极性编码,采用打孔、缩短和重复的方法进行速率匹配。

### 6. 物理过程

物理层包括以下物理过程。

（1）小区搜索

小区搜索是 UE 获取某小区的时间和频率同步，检测到这个小区的物理层小区标识（CELL ID）的过程。UE 接收主同步信号（Primary synchronization signal，PSS）和辅同步信号（Secondary synchronization signal，SSS）来进行小区搜索的过程。

（2）功率控制

gNB 确定所需的上行传输功率，并向 UE 提供上行传输功率控制命令。UE 使用所提供的上行传输功率控制命令来调整其传输功率。通过上行功率控制决定了不同上行物理信道或信号的传输功率。

对于下行功率控制，则采用 PDSCH 链路自适应（Adaptive Modulation and Coding，AMC）方法进行。即 UE 将估计的信道状态反馈给用于链路适应的 gNB，gNB 根据信道状态信息参考信号（Channel state information，CSI-RS）的测量值估计下行信道状态，采用不同的调制方案和信道编码速率，并以此完成发送功率控制（Transmission power control）。

（3）上行同步和上行定时控制

当接收到包含主小区（Pcell）或主辅小区（PSCell）定时提前组的定时提前命令时，UE 根据接收到的定时提前命令调整用于主小区或主辅小区的 PUCCH/PUSCH/SRS 信号的上行传输定时。

（4）随机接入

第一层从高层接收一组 SS/PBCH 块索引，并向高层提供一组相应的 RSRP 测量值，然后开始随机接入过程。在启动随机接入过程前，物理层需要从高层得到以下信息。

- 物理随机接入信道的传输参数的配置（PRACH 前导码格式、时间资源和用于 PRACH 传输的频率资源）
- 确定 PRACH 前导码序列集的根序列及其循环移位的参数（逻辑根序列表的索引、循环移位和集合类型（不受限制、受限制的集合 A 或受限制的集合 B）

从物理层的角度来看，物理层的随机接入过程包括在 PRACH 中传输随机接入前导码（Msg1）的发送、使用 PDCCH/PDSCH（Msg2）的随机接入响应（RAR）消息的接收，以及在可用的情况下，传输 Msg3 PUSCH 和用于争用解决的 PDSCH。

# 3.5　5G 功能体系

3GPP 23.501 定义了 5G 系统的第二阶段系统功能体系结构，该规范涵盖了漫游和非漫游场景的所有方面,包括 5G 系统(5G System,5GS)和演进的分组系统(Evolved Packet System,EPS)之间的交互、5GS 内的移动性、QoS、策略控制和收费、身份验证以及 5G 系统范围内的一般功能(如 SMS、位置服务、紧急服务)。

根据定义,5G 需要能够支持数据连接和业务,使 5G 的网络部署能够使用网络功能虚拟化和软件定义网络等技术。5G 系统体系结构应该能够在定义的控制平面网络功能之间的基于业务进行交互。在 5G 系统架构中包括以下的关键原则和概念。

①将用户平面功能与控制平面功能分离,允许独立的可伸缩性、演进和灵活的部署,如集中化或分布式(远程)部署。

②模块化的功能设计,如灵活和高效的网络切片。

③在适当的情况下,将过程(即网络函数之间的交互集)定义为服务,使得他们可以重用。

④在需要时,允许每个网络功能实体与其他网络功能实体直接交互。该体系结构不排除使用中间媒介来帮助控制平面消息寻路。

⑤尽量减少接入网与核心网之间的依赖关系。5G 的体系结构为融合的核心网络,具有一个通用的接入网和核心网之间的接口,该接口集成了不同的接口类型,如 3GPP 接入和非 3GPP 接入。

⑥支持统一的认证框架。

⑦支持"无状态"网络功能实体,其中"计算"资源与"存储"资源分离。

⑧支持网络信息公开(Network Exposure Function,NEF)。

⑨支持对本地和集中服务的并发访问。为了支持低延迟服务和对本地数据网络的访问,用户平面功能可以部署在接近接入网的地方。

⑩支持在访问 PLMN 中家庭网络业务以及本地出口业务之间的漫游。

5G 系统功能架构以两种方式表示:基于服务的表示和基于参考点的表示。

**1. 基于服务的表示**

基于服务的表示,其中控制平面内的网络功能(如接入和移动性管理功能(Access and Mobility Management Function,AMF))允许其他授权网络功能访问其服务。这种表示还包括必要的点对点参考点。

图 3.5.1 描述了非漫游状态的 5G 系统功能架构。其在控制平面内使用基于业务的接口。

(1) 认证服务器功能(Authentication Server Function,AUSF)

(2) 接入和移动性管理功能(Access and Mobility Management function,AMF)

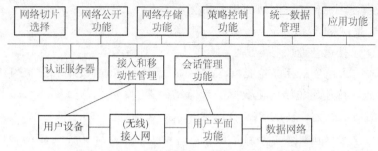

图 3.5.1　非漫游状态的 5G 系统功能架构

在单一的 AMF 实体中可以包括以下一种或全部功能

- 无线接入网的控制平面接口终止
- 非接入层（NAS）功能终止、NAS 加密和完整性保护
- 登记管理
- 连接性管理
- 可达性管理
- 移动性管理
- 合法监听（AMF 事件和合法监听（Lawful Interception，LI）系统接口）
- 为 UE 和 SMF 之间的会话管理消息提供传输
- SM 消息寻路的透明代理
- 访问身份验证
- 访问授权
- 为 UE 和短消息（short message service，SMS）功能之间的 SMS 消息提供传输
- 安全锚功能（Security Anchor Functionality，SEAF），它与 AUSF 和 UE 交互，接收作为 UE 身份验证过程的结果而建立的中间密钥。在基于 USIM 的身份验证中，AMF 从 AUSF 检索安全材料
- 安全上下文管理（Security Context Management，SCM），SCM 从 SEAF 接收一个用于派生访问网络特定键的键
- 监管服务的定位服务管理
- 为 UE 和本地管理功能（Location Management Function，LMF）之间以及无线接入网（Radio Access Network，RAN）和 LMF 之间的位置服务消息提供传输
- EPS 持有者标识分配，用于与 EPS 进行交互
- UE 移动事件通知

- 支持非 3gpp 接入网络的相关功能

(3) 数据网络(Data Network,DN)功能

该功能包括运营商服务、互联网接入或第三方服务等。

(4) 非结构化数据存储功能(Unstructured Data Storage Function,UDSF)

该功能支持任何非结构化数据的存储和检索。

(5) 网络信息公开功能(NEF)

该功能支持展示能力和事件的公开。3GPP 网络功能实体通过网络信息公开功能向其他网络功能实体公开其功能和事件。网络实体公开的功能和事件可以安全地公开,如第三方、应用程序功能和边缘计算。网络信息公开功能使用统一数据存储库的标准化接口将信息存储/检索为结构化数据。

(6) 网络存储功能(Network Repository Function,NRF)

网络存储功能支持服务发现功能。从网络功能实例接收网络功能发现请求,并向网络功能实例提供已发现的网络功能实例的信息。维护可用网络功能实例及其支持服务的网络功能概要。

在 NRF 中维护的网络功能概要包括以下信息:

- 网络功能实例标识
- 网络功能类型
- PLMN(公共陆地移动通信网络)标识
- 网络切片相关标识符
- 完全限定域名或网络功能的 IP 地址
- 网络功能容量信息
- 网络功能特定的服务授权信息
- 支持服务的名称
- 每个支持服务的实例的端点地址
- 识别已存储的数据/信息

(7) 网络切片选择功能(Network Slice Selection Function,NSSF)

网络切片选择功能支持以下功能:

- 选择为 UE 服务的网络切片实例集
- 确定批准的网络切片选择辅助信息(Network Slice Selection Assistance Information,NSSAI),以及在需要时确定映射到订阅的单一网络切片选择辅助信息(Single Network Slice Selection Assistance Information,S-NSSAIs)
- 确定配置的 NSSAI,如果需要,确定映射到订阅的 S-NSSAIs
- 确定将用于为 UE 服务的 AMF 集;或根据配置,通过查询 NRF 来确定候选 AMF(s)列表。

（8）策略控制功能（Policy Control Function，PCF）

策略控制功能包括以下功能：

* 支持统一的策略框架来管理网络行为
* 为控制平面功能提供策略规则以执行
* 在统一数据存储库中访问与策略决策相关的订阅信息

（9）会话管理功能（Session Management Function，SMF）

会话管理功能支持以下功能：

* 会话管理，如会话建立、修改和释放，包括用户平面功能和节点之间的隧道维护
* UE 的 IP 地址分配和管理（包括可选授权）
* 动态主机配置协议（Dynamic Host Configuration Protocol，DHCP）v4（服务器和客户端）和 DHCPv6（服务器和客户端）功能
* 地址解析协议（Address Resolution Protocol，ARP）代理功能。SMF 通过提供与请求中发送的 IP 地址相对应的 MAC 地址来响应 ARP 和/或 IPv6 邻居请求
* 用户平面功能的选择和控制
* 在用户平面功能配置业务引导，为业务到适当的目的地寻路
* 终止用于策略控制功能的接口
* 合法监听（会话管理事件和合法拦截系统接口）
* 计费数据收集和计费接口支持
* 用户功能平面的计费数据采集的控制与协调
* 终止 NAS 消息的会话管理部分
* 下行数据通知
* 特定会话管理信息的发起者
* 确定会话的会话和业务持续性（Session and Service Continuity，SSC）模式。
* 漫游功能（处理本地执行应用的服务质量等级；计费数据采集和计费接口；合法监听；支持与外部数据网络的交互）

（10）统一数据管理（Unified Data Management，UDM）

统一数据管理包括对以下功能的支持：

* 生成 3GPP 认证和密钥协商身份验证凭证
* 用户识别处理（如 5G 系统中每个用户的 SUPI 存储和管理）
* 基于订阅数据的访问授权（如漫游限制）
* UE 的网络功能注册管理（如为 UE 存储 AMF，为 UE 的协议数据单元会话存储 SMF）

- 支持服务/会话的连续性,如保持正在进行的会话的 SMF/DNN 分配
- 被叫短消息支持
- 合法监听功能
- 订阅管理
- 短消息管理

(11) 统一数据存储(Unified Data Repository,UDR)

统一数据存储支持以下功能:

- 统一数据管理对订阅数据的存储和检索
- 策略控制功能对策略数据的存储和检索
- 网络信息公开功能对公开的结构化数据进行存储和检索,以及应用程序数据(包括用于应用程序检测的数据包流描述,用于多个 UE 的应用程序请求信息)

(12) 用户平面功能(User Plane Function,UPF)

用户平面功能包含以下功能:

- 无线接入类型内/不同无线接入类型间移动性锚点
- 连接到数据网络的外部分组数据单元的会话点
- 分组路由与转发
- 分组检测
- 用户平面部分的策略规则执行
- 合法监听
- 业务使用报告
- 用户平面的业务服务质量处理,如上下行速率执行,下行业务中的 QoS 标记反射
- 上行流量验证
- 上行链路和下行链路中的传输等级分组标记
- 下行分组缓冲和下行数据通知触发
- 发送和转发一个或多个"结束标记"到源 5G 无线接入网(Next Generation-Radio Access Network,NG-RAN)节点
- 地址解析协议代理,用户平面功能通过提供与请求中发送的 IP 地址相对应的 MAC 地址来响应 ARP 和/或 IPv6 邻居请求

(13) 应用功能(Application Function,AF)

应用功能与 3GPP 核心网络互操作,以提供服务,可以支持以下功能:

- 在业务寻路时的应用影响

- 接入网络公开功能
- 与策略控制的策略框架互操作
- 基于运营商的部署方案,应用功能可以由运营商设置由可信的应用功能直接与相关的网络功能互操作
- 运营商不允许直接访问网络功能的应用程序功能应能使用外部公开框架通过网络功能与相关网络功能进行交互

(14) 5G 设备标识寄存器(5G-EIR)

5G-EIR 支持检查永久设备标识(Permanent Equipment Identifier,PEI)的状态,如检查它是否被列入黑名单。

(15) 全边缘保护代理(Security Edge Protection Proxy,SEPP)

安全边缘保护代理支持消息过滤和管理的内部 PLMN 控制平面接口。

**2. 基于参考点表示**

基于参考点表示,表示在网络功能实体之间的交互。在这些网络功能实体中描述了在任意两个网络功能之间的点对点的参考点,如会话管理功能实体(Session Management Function,SMF)和 AMF 之间的参考点 N11。

图 3.5.2 所示的是在非漫游状态的 5G 系统结构,作用在各功能实体之间的接口参考点。

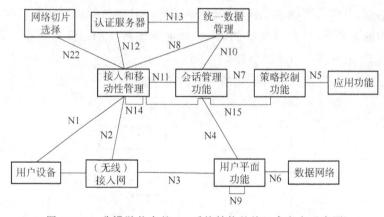

图 3.5.2　非漫游状态的 5G 系统结构的接口参考点示意图

# 3.6　5G 协议栈

5G 协议栈根据用途分为用户平面协议栈和控制平面协议栈。3GPP 协议

23.501详细说明了5G系统结构中各实体,如 UE 和 5G 核心网(5GC)之间,5G 接入网(5G-AN)和 5G 核心网(5GC)之间,以及 5G 核心网(5GC)之间的协议栈。

**1. 控制面协议栈**

控制面协议栈主要包括接入网和核心网之间的控制面协议栈,UE 和核心网之间的控制面协议栈,核心网各功能实体之间的控制面协议栈,以及 UE 与非 3GPP 接入之间的控制面协议栈等。本节主要介绍接入网和核心网之间的控制面协议栈,UE 和核心网之间的控制面协议栈。

(1) 5G 接入网(5G-AN)和 5G 核心网(5GC)之间的控制面协议栈

5G 接入网(5G-AN)与 5G 核心网(5GC)之间的控制平面接口支持以下功能:

- 通过独特的控制平面协议,将多种不同类型的 5G 接入网(如 3GPP 无线接入网、非 3GPP 互联功能(N3IWF,Non-3GPP InterWorking Function)接入对 5GC 的不可信访问)连接到 5G 核心网(5GC):3GPP 访问和非 3GPP 访问均使用单一应用层信令(NGAP)协议
- 对于某给定的 UE,不论 UE 的 PDU 会话次数为多少(可能为零),接入和移动性管理功能(AMF)都有唯一的 N2 终止点
- 接入和移动性管理功能(AMF)与其他功能(如会话管理功能 SMF)之间的解耦,可能需要控制 5G-AN 支持的服务(如控制一个 PDU 会话的 5G-AN 中的 UP 资源)。为此目的,NGAP 可能支持 AMF 只负责在 5G-AN 和 SMF 之间进行中继的信息

接入网与 AMF 实体之间的控制平面协议栈如图 3.6.1 所示。

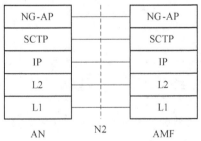

(注:下一代应用协议(NG Application Protocol,NG-AP):为 5G-AN 节点与接入和移动性管理功能之间的协议;流媒体控制传输协议(Stream Control Transmission Protocol,SCTP):该协议保证了 AMF 和 5G-AN 节点之间的信令信息传送)

图 3.6.1　AN-AMF 之间的控制平面协议栈

接入网与 SMF 实体之间的控制平面协议栈如图 3.6.2 所示。

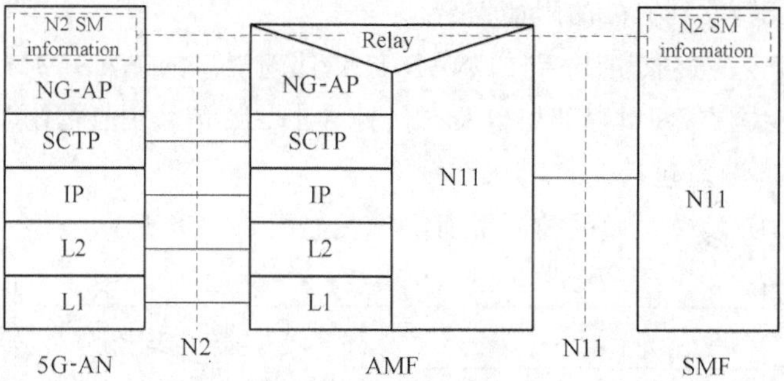

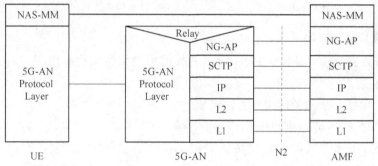

(注:N2 移动管理信息(N2 SM information)为 NG-AP 信息的子集,通过 AMF 在 5G-AN 和 SMF 之间透明传输,包含在 NG-AP 消息和 N11 消息中)

图 3.6.2　AN-SMF 之间的控制平面协议栈

(2) UE 和 5G 核心网(5GC)之间的控制面协议栈

UE 和 5G 核心网(AMF 除外)之间需要通过 NAS-MM(非接入层移动性管理)协议通过 N1 传输的协议包括会话管理信令(Session Management Signalling),短消息(SMS),定位服务(LCS)。

UE 与 AMF 实体之间的控制平面协议栈如图 3.6.3 所示。

(注:非接入层移动性管理 NAS-MM:用于移动性管理 MM 功能的 NAS 协议支持注册管理功能、连接管理功能和用户平面连接激活和禁用。它还负责 NAS 信号的加密和完整性保护)

图 3.6.3　UE-AMF 之间的控制平面协议栈

非接入层会话管理 NAS-SM 支持处理 UE 和 SMF 之间的会话管理。

SM 信令消息在 UE 和 SMF 的 NA-SM 层中操作,操作的过程包括创建和处理。SM 信令消息的内容对于 AMF 是透明的。

NAS-MM 层对 SM 的处理包括:

- SM 信令的发送:NAS-MM 层创建一个 NAS-MM 消息,包括安全性报头、

SM 信令的 NAS 传输指示、接收 NAS-MM 以获取将 SM 信令消息如何转发以及转发到何处的附加信息

- SM 信令的接收:接收到的 NAS-MM 处理消息的 NAS-MM 部分,即执行完整性检查,并解释如何以及在何处导出 SM 信令消息的附加信息

SM 消息部分应包括 PDU 会话 ID。

UE 与 SMF 实体之间的控制平面协议栈如图 3.6.4 所示。

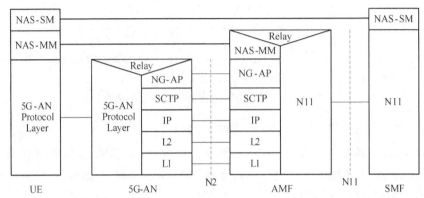

(注:非接入层会话管理 NAS-SM:用于会话管理 SM 功能的 NAS 协议支持用户平面 PDU 会话的建立、修改和发布。它通过 AMF 传输,对 AMF 透明)

图 3.6.4　UE-SMF 之间的控制平面协议栈

### 2. 用户面协议栈

用户面协议栈主要包括 PDU 会话相关的用户面协议栈和用于与非 3GPP 接入的协议栈。

(1) PDU 会话相关的用户面协议栈

PDU 会话相关的用户面协议栈,包括 PDU 子层、GTP-U 协议子层、5G 接入网协议子层和 5G 用户面封装子层等协议层。其中,PDU 子层对应于 UE 和 DN 之间传输的 PDU 会话,其 IP 协议版本与 PDU 会话的 IP 协议版本一致,如果 PDU 会话类型为以太网,则 PDU 子层采用以太网帧结构。GTP-U 协议子层采用用户面 GPPS 隧道协议,该协议支持不同 PDU 会话的多路传输,并且将所有终端用户 PDU 进行封装;5G 接入网协议子层与接入网相关,根据接入网是否为 3GPP 接入网采用不同的协议接口;5G 用户面封装子层支持不同 PDU 会话通过 N9 参考点的多路传输,它提供了每个 PDU 会话级别的封装,同时还带有 QoS 标记。

PDU 会话相关的用户面协议栈如图 3.6.5 所示。

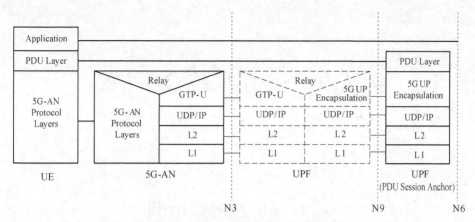

图 3.6.5　PDU 会话相关的用户面协议栈

（2）非 3GPP 接口的用户面协议栈

非 3GPP 接口的用户面协议栈如图 3.6.6 所示。

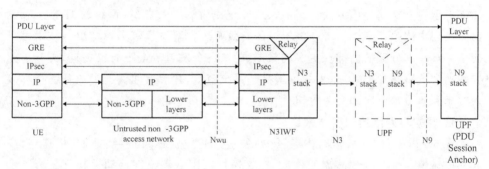

图 3.6.6　非 3GPP 接口的用户面协议栈

其中，N9 接口可能是 PLMN 内部或者 PLMN 之间的接口，针对不同的 PDU 会话锚点，可以有多个 N9 接口分路支持上行链路分级器（Uplink Classifie，UL CL）。UDP 协议可能用于 IPsec 层以下支持网络路由的转换。

# 第4章 5G组网技术及方案

## 4.1 5G超密集组网

超密集网络(Ultra Dense Network,UDN)是通过更加密集化的无线网络基础设施部署,在局部热点区域实现百倍量级的系统容量提升,其要点在于通过小基站加密部署提升空间复用方式。目前,UDN正成为解决未来5G网络数据流量1 000倍以及用户体验速率10~100倍提升的有效解决方案。超密集异构组网技术可以促使终端在部分区域内捕获更多的频谱,距离各个发射节点距离也更近,提升了业务的功率效率和频谱效率,大幅度提高了系统容量,并天然地保证了业务在各种接入技术和各覆盖层次间负荷分担。

**1. 超密集网络的组网技术**

在5G应用场景中,密集住宅区、办公室、体育场、露天集会、地铁、快速路、高铁和广域覆盖等具有超高流量密度、超高连接数密度和超高移动性特征。为了满足在特定区域内持续发生高流量业务的热点高容量场景需求,需要考虑在网络资源有限的情况下提高网络吞吐量和传输速率,保证良好的用户体验速率。在传统的无线通信系统组网中,通常采用小区分裂的方式减少小区半径来实现网络容量的增加。然而,在未来5G网络数据流量1 000倍以及用户体验速率10~100倍提升的需求下,仅仅减少小区覆盖范围已经无法满足需要,需要采取异构网的网络架构,采用宏蜂窝基站、微小基站、皮飞基站等多种设备形态来实现超密集组网。

(1)宏蜂窝基站

宏蜂窝基站是传统无线网络覆盖最主要的手段。现有网络的绝大部分覆盖和容量都是由宏蜂窝基站提供的。宏蜂窝基站一般由通信机房和天面两大部分组成。通信机房主要用于摆放无线主设备、传输设备、配套电源等,常规楼面站选取在楼内的某个房间或者楼顶搭建简易机房,通信铁塔、通信杆的机房一般选择在旁边空地上自建机房或者摆放简易机房。天面主要是用于布放天线,常规楼面站常放置支撑杆或者支撑架,支撑架上布放板状天线。随着城市建设的要求越来越高,为了基站与周围环境的和谐,目前城市区域的天线建设多采用美化天线。天线的美化类型包括水塔形、方柱形、空调形、灯杆形、排气管形和美化树形等。在建设时,应根据周边环境选择具体的类型,以降低外观的敏感度。通信铁塔、通信杆相对简单,一般在顶部设置几层平台,天线安装到平台的支撑杆进行固定。

宏蜂窝基站由于地势高、功率强,一般能覆盖到周边几百米的区域,密集城区一般建议站间距为 200～400 米,普通城区一般建议站间距为 400～600 米,根据现场实际无线环境,部分郊区空旷区域宏基站能覆盖 1～2 千米以上,站间距可以拉大到几千米。宏蜂窝基站对天线的布放位置要求比较高,必须能够将信号覆盖到需要覆盖的区域,不能有明显的阻挡或者干扰。一般建议天线要比周边楼宇平均高度高 6～8 米,天线尽量布放在楼宇的边缘,正前方不能有大面积的阻挡。

宏蜂窝基站根据基站设备类型和建设类型不同,分为室内型宏蜂窝基站和室外型宏蜂窝基站。室内型设备安装于机房内部,可以根据实际建设环境,选择租用机房和楼顶自建简易机房的方式;室外型设备由于可以适应室外恶劣气候环境,可以采用户外一体化机柜安装。

（2）微小基站

微小站一般由一体化集成天线、基带和射频单元组成,具有体积小,易伪装、业主抵触小和部署简单的优势,能充分解决 LTE 站址资源不足、天面受限和深度覆盖不足等问题。微小站可分为一体化微站和分布式微站。一体化微站即天线、基带和射频单元集成为一体,可在物业点放装,进行单点补盲覆盖。分布式微站即基带和射频单元分离,使用光纤连接,可多点位布放,扩大覆盖范围。

相比常规的射频拉远天线方案,微小站减小了风阻,配重无须增加,可安装在小型抱杆上或挂墙安装,施工方便,隐蔽性好。可在室外补盲、补热、室外覆盖室内等场景部署微小站,能有效提升盲区各种无线指标及业务指标。具体如居民楼、办公楼等楼宇的深度覆盖;城区部分弱覆盖路段的覆盖,如隧道、居民小区内道路、遮挡严重的背街小巷等;数据业务热点区域补热等;主干道、广场、公园和景区区域覆盖等。

（3）皮飞基站

分布式皮/飞基站系统组成包括主设备 BBU、接入合路单元、集线器单元和射频远端单元,各个单元之间采用光纤连接,集线器单元与射频远端单元之间采用光纤或五类线连接。在 4G 网络建设中,通过多模块拼装可接入 4G 及 2G 网络系统:对于 4G 而言,分布式皮/飞基站属于基带拉远设备;对于 2G 而言,其射频信号接入室内分布系统的合路单元,由后续设备直接放大。射频远端单元输出最大功率:4G 为 2×100 mW 以上,2G 可达 50 mW,可实现多制式功率自动匹配同覆盖,并实现对所有设备的监控。

分布式皮/飞基站适用于覆盖和容量需求均较大的重要室内大型场景,具备部署灵活快捷、便于容量和覆盖调整、利于监控的优势。分布式皮基站尤其适用于大型场馆、交通枢纽等覆盖面积巨大、单位面积业务密度大或潮汐效应明显、室内区域较为空旷的场景。分布式飞基站远端更为小巧,其低功率输出更适用于室内隔断较多的场景。

(4) 其他网络覆盖手段

宏蜂窝基站虽然能覆盖网络大部分的区域,但在实际网络中,用户的通信服务需求通常位于室内,特别是针对大型建筑的室内覆盖,宏蜂窝基站有两个明显的缺点:一是室内由于外墙以及内部装修隔断的阻挡,信号衰减严重,宏蜂窝基站深度覆盖不足;二是大型场所(如商场、体育场等)人流量大,通信需求高,用宏蜂窝基站覆盖容量明显不足。因此,需要在室内布放分布系统,加强深度覆盖;并对不同区域进行合理的小区划分,增大容量,满足区域内各类用户的通信需求。

部分住宅小区的楼宇,楼体占地面积比较大,室内分布系统又只能布放到部分区域,如电梯厅或者公共走廊,导致室内部分区域还是信号不好,周边又没有宏基站进行增强覆盖,此时可以充分利用这些楼体的天面,从室内分布系统延伸一部分信号到天面安装小型外拉天线,内部进行相互对打,提升深度覆盖效果。

无线直放站主要是在一些室外无线信号环境较好,室内场强弱,建筑物较小,或光纤无法到位的站点使用;或对于一些室外无线信号环境差,附近基站比较密集,且光纤无法到位的建筑物站点。无线直放站通过全部或部分频段信号直接进行放大或转发,其内部没有中频处理单元。无线直放站的应用范围包括:填补盲区,扩大覆盖;村镇、公路、厂矿、旅游景点等补充覆盖等。

为了满足 5G 网络性能需求,在 5G 无线网络覆盖中须采用多种覆盖手段结合的方式。如图 4.1.1 所示。

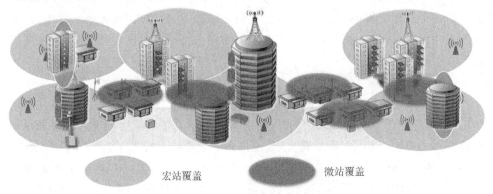

图 4.1.1　超密集网络组网示意图

无线接入网以宏蜂窝基站为主,采用微小基站进行热点容量补充,同时结合大规模天线、高频通信等无线技术,提高无线侧的吞吐量。采用宏—微结合的覆盖场景下,通过覆盖与容量的分离(微小基站负责容量,宏基站负责覆盖及微小基站间资源协同管理),实现微基站根据通信业务发展需求以及业务分布特性的灵活部署。由宏蜂窝基站作为微基站间的接入集中控制模块,负责无线资源协调和小范围移动性管理等功能。对于微—微超密集覆盖的场景,微基站间的干扰协调、资源协同、缓存等需要进行分簇化集中控制,接入集中控制模块可以单独部署在数据中心或者由分簇中某基站接入集中控制模块可以单独部署在数据中心或者分簇中某基站中,负责提供无线资源协调和小范围移动性管理等功能。

在超密集组网中,为了满足大流量的数据处理和响应速度,需要改变网络架构,将用户面网关、业务使能模块、内容缓存/边缘计算等转发功能下沉到靠近用户的网络边缘以尽量减少网络时延。在无线接入网基站旁设置本地用户面网关,实现本地分流。同时,通过在基站上设置内容缓存/边缘计算能力,利用智能算法将用户所需内容快速分发给用户,同时减少基站向后的流量和传输压力。更进一步将诸如视频编解码、头压缩等业务使能模块下沉部署到无线接入网侧,以便加快数据处理速度,减少传输压力。

**2. 超密集网络的网络规划方法**

在超密集组网的条件下,无线基站的覆盖半径将会出现明显的缩小状况,在几十米或者数百米,这种明显的缩小就可以导致小区数量和基站密度的增加。也就是说,在网络结构变得越来越复杂的今天,传统的传播模型已经不能满足网络规划科学指导的需要。

为了达到期望的标准值,就需要改变原来网络规划的方法,借助大数据等分析方法,进行精细化仿真。如通过用户所提交的动态测量报告(Measurement Report,MR)数据,进行小区无线信号的动态监测;或基于用户精准定位的需求,为了实现网络存在问题区域的精准定位,可通过路测(Drive Test,DT)测试和呼叫质量测试(Call Quality Test,CQT)方法采集测验数据。为最新的基站进行具体规划,提供强有力的数据支持。

采用异构网网络结构,进行宏—微结合的基站部署,加大微小基站的建设力度,科学合理的规划超密集组网的关键内容,考虑到人流量和覆盖区域的要求,建筑结构对无线传播造成的影响,对于微基站的设备和微基站的需求量进行严格的考察。

在网络规划时,可选择适合当地实际情况的可连续的覆盖模式,采用 LTE 系统现网数据分析识别热点区域,对热点区域进行合理规划,针对性分析基站覆盖建设的方法,避免不同站点间及异系统之间相互干扰的问题。

小区虚拟化是另一种超密集组网的研究方向,在网络规划中引入小区虚拟化技术,可以避免过多的小区间切换。超密集组网的场景下,基站部署越来越密集,小区边缘越来越多,当 UE 在密集小区间移动时,会导致小区间切换频繁。小区虚拟化的核心思想是"以用户为中心"分配资源,达到"一致用户体验"的目的。小区虚拟化技术为 UE 提供无边界的小区接入,随 UE 移动快速更新服务节点,使 UE 始终处于小区中心;同时,当 UE 在虚拟小区内的不同小区簇间移动时,不会发生小区切换/重选。

具体来说,虚拟小区由密集部署的微基站集合组成。其中,基站距离非常近的若干微基站组成虚拟小区,构建虚拟层和实体层网络,虚拟层涵盖整个虚拟小区,承载广播、寻呼等控制信令,负责移动性管理;各个微基站形成实体层,具体承载数据传输,用户在同一虚拟层内不同实体层间移动时,不会发生小区重选或切换。虚拟小区类似于 RRU 级联,当 UE 在虚拟小区移动时,避免过多的小区间切换。

**3. 超密集网络的信令负荷**

在超密集组网场景下,低功率基站较小的覆盖范围会导致具有较高移动速度的终端用户遭受频繁切换,从而降低了用户体验速率。除此之外,虽然超密集组网通过降低基站与终端用户间的路径损耗提升了网络吞吐量,在增大有效接收信号的同时也提升了干扰信号,为有效进行干扰消除、干扰协调采用的分布式干扰协调技术,使得小区间交互控制信令负荷会随着小区密度的增加以二次方趋势增长,极大地增加了网络控制信令负荷。

为解决这一挑战,5G 无线接入网采用控制面与数据面的分离思想,通过分别采用不同的小区进行控制面和数据面操作,从而实现未来网络对于覆盖和容量的单独优化设计。同时,采用了分簇化集中控制技术通过小区分簇化集中控制方式,解决小区间干扰协调,相同 RAT 下不同小区间的资源联合优化配置、负载均衡等,以及不同 RAT 系统间的数据分流、负载均衡等,从而提升系统整体容量和资源整体利用率。

**4. 控制面与数据面的分离**

为满足超密集组网和5G 智能无线接入的需求,5G 蜂窝网络架构设计中,采用了接入网控制面与数据面分离的思想。不仅可以实现覆盖和容量的单独优化设计,也可以灵活地根据数据流量的需求在热点区域扩容数据面传输资源,同时也为基于分簇化的集中控制提供了技术基础。

基于控制与承载分离的5G 无线网架构设计思路就是将 5G 无线网络的控制面与用户面相分离,分别由不同的网络节点承载,形成独立的两个功能平面。针对控制面与用户面不同的要求与特点,可以分别进行优化设计与独立扩展,满足不同组网场景对 5G 网络性能的需求。如分离后的无线网控制面传输将针对控制信令对可靠性与覆盖的需求,采取低频大功率传输以及低阶调制编码等方式,实现控制平面的高可靠以及广覆盖。而无线网用户面传输将针对数据承载对不同业务质量与特性的要求,采取相适应的无线传输带宽,并根据无线环境的变化动态调整传输方式以匹配信道质量,满足用户平面传输的差异化需求。

随着无线网控制面与用户面的分离,5G 无线网元功能可以根据业务场景与部署的需要灵活设置。按照提供的网络功能以及承载对象的不同,5G 无线网元可划分为信令基站和数据基站两类网元功能类型。信令基站负责接入网控制平面的功能处理,提供移动性管理、寻呼、系统广播等接入层控制服务。数据基站负责接入网用户平面的功能处理,提供用户业务数据的承载与传输。信令基站、数据基站均属于功能逻辑概念,在具体实现上,二者可共存于同一物理实体或独立部署。

为了实现宏—微结合场景下控制承载分离的目标,5G 超密集组网可以采用基于双连接的技术方案。

方案一:终端的控制面承载,即无线资源控制(Radio Resource Control,RRC)连接始终由宏基站负责维护。终端用户面承载与控制面分离,其中针对网络质量敏感、带宽需求较小的业务承载(如语音业务等)由宏基站进行承载,而对网络质量不敏感、带宽需求大的业务承载(如视频传输等)则由微基站负责。除此之外,对于微基站负责传输的数据会由服务网关(serving gateway,SGW)直接分流到微基站。

该方案宏基站和微基站都和核心网直接连接,数据不用经过 X2 接口进行传输,降低了用户面的时延,但是宏基站和微基站同时与核心网直接连接将带来核心网信令负荷的增加。

方案二:终端的控制面承载始终由宏基站负责维护,终端的用户面承载与控制面分离,对于低速率、移动性要求较高(如语音业务等)的业务承载和高带宽需求(如视频传输等)的业务承载分别由宏基站和微基站负责传输,其中微基站主要负责系统容量的提升。

然而与方案一不同的是,用户面协议架构对于微基站负责的数据承载仅将无线链路控制(Radio Link Control,RLC)层、媒体接入控制(Medium Access Control,MAC)层以及物理层切换到微基站,而分组汇聚协议(Packet Data Convergence Protocol,PD-CP)层则依然维持在宏基站。换句话说,也就是分流到微基站的数据承载首先由 SGW 到宏基站,然后再由宏基站经过 PDCP 层后分流到微基站。

该方案只有宏基站与核心网进行连接,宏基站和微基站通过 X2 接口传输终端的数据,这种方案通过在接入网宏基站处进行了数据分流和聚合,微基站对于核心网是不可见的,从而可以减少核心网的信令负担。但是,由于所有微基站的数据都需要通过宏基站传输到核心网,此时对宏基站回程传输资源带来很高的要求。

因此,在实际的部署中,可以根据实际情景进行方案的选择,对于传输资源丰富的场景,可以采用宏基站分流的方案二,此时微基站不需要完整的协议栈,减少了功能,降低了成本,为这种仅具备部分功能的轻量化基站的应用带来可能,使得网络部署更加灵活,具备按需部署的能力。然而对于传输资源紧张场景,可以采用宏基站和微基站同时与核心网连接的方案一,此时可以降低用户面时延,增大用户吞吐量。

**5. 基于分簇化的集中控制**

5G 将基站部分无线控制功能进行抽离进行分簇化集中式控制,实现簇内小区间干扰协调、无线资源协同、移动性管理等,提升了网络容量,为用户提供极致的业务体验。

在宏—微结合部署场景中,微基站负责容量、宏基站负责覆盖以及微基站间资源协同管理的方式,实现接入网根据业务发展需求以及分布特性灵活部署微基站。同时,由宏基站充当的微基站间的接入集中控制模块,对微基站间干扰协调、资源协同管理起到了一定的帮助作用。接入集中控制模块也可以由所在分簇中某一个微基站负责或者单独部署在数据中心,负责提供无线资源协调、小范围移动性管理等功能。

为了实现分簇化的集中控制,即宏基站负责控制面承载(RRC)的传输,需要利用微基站组成的密集网络构建一个虚拟宏小区。此时,由虚拟宏小区承载控制面信令(RRC)的传输,负责移动性管理以及部分资源协调管理,而微基站则主要负责用户面数据的传输。其中,簇内多个微基站共享部分资源(包括信号、信道、载波等),同一簇内的微基站通过在此相同的资源上进行控制面承载的传输,以达到虚拟宏小区的目的。同时,各个微基站在其剩余资源上单独进行用户面数据的传输。

考虑到网络热点区域会随着时间和空间的变化而变化,可以采用覆盖和容量动态转化,即微小区动态分簇的方案。当网络负载较轻时,将微基站进行分簇化管理,其中同一簇内的微基站发送相同的数据,从而组成虚拟宏小区的终端用户在同一簇内微基站间移动时不需要切换,降低高速移动终端在微基站间的切换次数,提升用户体验。同时,由于同一簇内多个微基站发送相同的数据信息,终端用户可获得接收分集增益,提升了接收信号质量。当网络负载较重时,则每个微基站分别为独立的小区,发送各自的数据信息,实现了小区分裂,从而提升了网络容量。

在集中化控制过程中,可以通过资源的优化配置算法在终端的微基站选择、微基站间干扰的协调管理、微基站间的负载均衡和微基站的动态打开/关闭等方面进行优化,从而提升网络整体性能。

**6. 核心网的架构优化**

超密集组网网络数据流量密度和用户体验速率的急剧增长,使得核心网同样经受着巨大的数据流量冲击。因此,需要在无线接入网增强的基础上,对核心网的架构进行优化。

在 2017 年 6 月召开的 3GPP CT 第 76 次会议上,3GPP 完成了 R14 中的 CUPS 标准,即"EPC 用户平面与控制平面相分离的技术标准"。面向分组核心网(EPC)里的 SGW、PGW 以及 TDF 的功能分离:①提供了增强型的架构;②实现了在不影响现有节点之功能的前提下,用户面功能与控制面功能各自的独立伸缩/扩展部署(集中式部署或者分布式部署),从而可使能灵活的 EPC 部署于运营。

通过核心网网关控制面与数据面的分离,使得网络能够根据业务发展需求实现控制面与数据面的单独扩容、升级优化,从而加快网络升级更新和新业务上线速度,可有效降低网络升级和新业务部署成本。除此之外,通过控制面集中化使得 5G 网络能够根据网络状态和业务特征等信息,实现灵活细致的数据流路由控制。

# 4.2　5G 网络切片技术

## 1. 网络切片的需求

5G 网络建成后将提供多连接和处理很多不同的使用情况和场景。其应用案例将需要新的类型的连接服务,在速度、容量、安全、可靠性、可用性、时延和电池寿命的影响等各方面灵活扩展。

5G 网络要实现从人-人连接到万物连接,提供多连接和处理很多不同的使用情况和场景。不同类型应用场景对网络的需求是差异化的,有的甚至是相互冲突的。通过单一网络同时为不同类型应用场景提供服务,会导致网络架构异常复杂、网络管理效率和资源利用效率低下。因此,5G 系统将使用逻辑的,而不是物理资源,帮助运营商提供作为一种业务的基础网络构建。这样的网络服务将提供分配和重新分配资源与需求,并量身定制的网络的灵活性需求。

## 2. 网络切片的定义

网络切片(Network Slicing),是指一组网络功能、运行这些网络功能的资源以及这些网络功能特定的配置所组成的集合,这些网络功能及其相应的配置形成一个完整的逻辑网络,这个逻辑网络包含满足特定业务所需要的网络特征,为此特定的业务场景提供相应的网络服务。网络切片的本质就是将物理网络划分为多个虚拟网络,每个虚拟网络在逻辑上完全隔离的不同专有网络。根据不同的服务需求,如时延、带宽、安全性和可靠性等来划分,以灵活地应对不同的网络应用场景。

网络切片技术通过在同一网络基础设施上虚拟独立逻辑网络的方式为不同的应用场景提供相互隔离的网络环境,使得不同应用场景可以按照各自的需求定制网络功能和特性。5G 网络切片要实现的目标是将终端设备、接入网资源、核心网资源以及网络运维和管理系统等进行有机组合,为不同商业场景或者业务类型提供能独立运维的、相互隔离的完整网络。

**3. 网络切片的分类**

网络切片是一个完整的逻辑网络,可以独立承担部分或者全部的网络功能。根据其承担的功能可以分为两种切片。

(1)独立切片

拥有独立功能的切片,包括控制面、用户面及各种业务功能模块,为特定用户群提供独立的端到端专网服务或者部分特定功能服务。

(2)共享切片

其资源可供各种独立切片共同使用的切片,共享切片提供的功能可以是端到端的,也可以是提供部分共享功能。

**4. 网络切片功能要求**

根据 3GPP 的定义,未来 5G 网络切片系统须支持如下功能。

①系统应允许用户终端同时从一个运营商的一个或者多个网络切片获取业务,如基于订阅关系的终端类型。

②运营商应可以根据不同业务场景的需求创建和管理不同的网络切片,网络切片之间是相互隔离的,应避免一个切片中的数据通信影响另一个切片提供的服务。

③运营商应授权第三方通过 API 接口创建并管理网络切片。

④系统应支持网络切片的扩容和缩容,同时不影响当前切片或其他切片提供的服务。

⑤系统应支持网络切片修改并尽可能不影响用户正访问的来自其他切片的服务,如网络切片的增加、删除或更新功能、架构。

⑥系统应支持网络切片端到端(如接入网和核心网)的资源管理。

⑦系统应支持在接入相同网络的 UE 间提供有效的用户面数据路径,包括通信过程中 UE 位置改变的情况。

⑧一个 UE 支持同时从一个运营商的一个或多个特定网络切片中获得服务。

⑨运营商可对网络切片进行操作和管理。

⑩运营商能够平行、隔离地对不同的网络切片进行操作。

⑪可以只对某个切片进行特定的业务安全保障需求,而不是对整个网络进行要求。

⑫网络切片须具备弹性容量,同时不会对别的切片产生影响。

⑬网络切片在不影响正在进行服务提供的切片条件下,可以进行新的切片创

建、删除已有切片以及对切片功能进行更新和配置等操作。

⑭3GPP 标准定义切片应当为用户提供在 VPLMN 中相关联的业务功能。如果没有相应的已定义的切片可以提供,用户需要被分配给一个默认的网络切片。

**5. 网络切片逻辑架构**

移动网络可以根据不同业务的需求,提供通用或专有网络服务,形成不同的网络切片。在 5G 网络中,网元概念将被弱化,取而代之的是虚拟机中运行的各种功能模块,这些功能模块是从原有网元功能中剥离出来的,并进行优化、增强后,通过 NFV 技术实现。功能模块可以是自有能力或第三方 App,模块划分粒度根据业务的需要自由定义(如以移动管理、会话管理、存储、鉴权等作为不同功能模块),不同用户可根据特定的需要调用不同的功能模块,形成不同的网络切片,实现个性化服务。

典型的网络切片种类包括但不限于 eMBB、物联网、企业网和关键通信网络等。网络能力开放平台对外提供网络的抽象能力和网络数据,利用大数据技术挖掘网络价值,提供特有的差异化业务,为用户带来更好的用户体验,推动 CT 与 IT 业务的协同发展。网络能力开放平台面向应用需求,提供开放的网络能力调用接口。面向上层应用(如自营业务、第三方业务提供商、租户或内容服务商)开放底层的网络能力,通过开放 API 接口提供开放网络能力和数据,通过面向应用需求的端到端网络能力交付形式实现业务与网络、网络与资源的高效协同,充分发挥网络虚拟化灵活调度、能力开放的固有优势。

NGMN 标准规定的网络切片架构如图 4.2.1 所示,分为业务实例层、网络切片实例层和资源层。其中,业务实例层通过一个网络切片实现最终企业服务;网络切片实例层包括虚拟化后一组特定的网络逻辑功能,向业务实例层提供所需要的网络特性;资源层包括计算、存储、传输等物理资源及虚拟化后的逻辑资源。

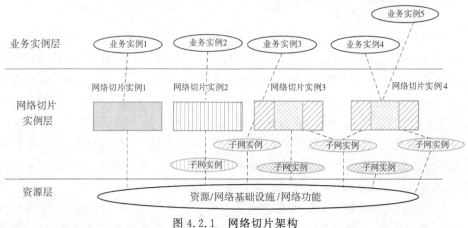

图 4.2.1　网络切片架构

**6. 网络切片的设计原则**

网络切片可以使无线接入网络可以共享相同的基础设施,结合业务的差异,动态调度资源,构建不同的逻辑网络以适应 5G 无线网络多样化的需求。在进行网络切片设计时,应遵循以下四项设计原则。

(1) 逻辑架构统一,灵活实现与部署切片

对 NR、EUTRAN 等不同的接入技术,以及集中式和分布式组网,都采用统一的逻辑架构,但在具体实现技术、功能规格、部署方式上无须统一,区分具体场景灵活支持。例如,为了满足不同切片的时延要求,RAN 用户面 PDCP 功能支持在不同的位置部署。

(2) 接入资源逻辑隔离

接入网的资源种类是多样化的,不同类型资源的隔离程度根据运营商和租户的需求而定。接入网资源切分可通过频段、Time、Code、设备、软件等维度隔离;接入网逻辑资源切分是基于资源复用基础上,实现业务逻辑隔离。资源使用可灵活的伸缩来提升效率。

(3) 差异化实现

根据 5G 无线接入网功能定义,5G 无线接入网设备包括 DU 等实时功能和 CU-C、CU-U 等非实时功能。在切片实现中,非实时功能尽可能地满足切片的定制化、功能裁剪等诉求;而实时功能首要关注资源的利用效率,在此基础上通过灵活配置来提供差异化的切片功能,如可以选择独占资源或共享一定比例的资源。

(4) 保证关键性能

引入网络切片能够给网络的运营带来很大的灵活性,从而方便地引入新的业务类型以及灵活设定资源使用策略。但引入网络切片的前提是保证当前关键网络指标不受影响,包括频谱使用效率、通信质量、系统容量等不受影响。

**7. 网络切片的管理**

网络切片是端到端的逻辑子网,涉及核心网络(控制平面和用户平面)、无线接入网、承载网和传送网,需要多领域的协同配合。不同的网络切片之间可共享资源也可以相互隔离。网络切片的核心网控制平面采用服务化的架构部署,用户面根据业务对转发性能的要求,综合采用软件转发加速、硬件加速等技术实现用户面部署灵活性和处理性能的平衡;在保证频谱效率、系统容量、网络质量等关键指标不受影响的情况下,无线网络切片应重点关注空口时频资源的利用效率,采用灵活的帧结构、QoS 区分等多种技术结合的方式实现无线资源的智能调度,并通过灵活的无线网络参数重配置功能,实现差异化的切片功能。

3GPP 定义的网络切片管理功能包括通信业务管理、网络切片管理、网络切片子网管理。其中,通信业务管理功能实现业务需求到网络切片需求的映射;网络切

片管理功能实现切片的编排管理,并将整个网络切片的服务等级协议(Service-Level Agreement,SLA)分解为不同切片子网(如核心网切片子网、无线网切片子网和承载网切片子网)的 SLA;网络切片子网管理功能实现将 SLA 映射为网络服务实例和配置要求,并将指令下达给网络功能虚拟化管理和编排(Network Functions Virtualisation Management and Orchestration,MANO),通过 MANO 进行网络资源编排,对于承载网络的资源调度将通过与承载网络管理系统的协同来实现。

切片管理功能有机串联商务运营、虚拟化资源平台和网管系统,为不同切片需求方(如垂直行业用户、虚拟运营商和企业用户等)提供安全隔离、高度自控的专用逻辑网络。切片管理功能包含三个阶段。

(1) 商务设计阶段

在这一阶段,切片需求方利用切片管理功能提供的模板和编辑工具,设定切片的相关参数,包括网络拓扑、功能组件、交互协议、性能指标和硬件要求等。

(2) 实例编排阶段

切片管理功能将切片描述文件发送到 NFV MANO 功能实现切片的实例化,并通过与切片之间的接口下发网元功能配置,发起连通性测试,最终完成切片向运行态的迁移。

(3) 运行管理阶段

在运行态下,切片所有者可通过切片管理功能对自己的网络切片进行实时监控和动态维护维护,主要包括资源的动态伸缩,切片功能的增加、删除和更新,以及告警故障处理等。

网络切片子网管理功能实现用户终端与网络切片间的接入映射。切片子网管理功能综合业务签约和功能特性等多种因素,为用户终端提供合适的切片接入选择。用户终端可以分别接入不同切片,也可以同时接入多个切片。用户同时接入多切片的场景形成以下两种切片架构变体:

①独立架构:不同切片在逻辑资源和逻辑功能上完全隔离,只在物理资源上共享,每个切片包含完整的控制面和用户面功能。

②共享架构:在多个切片间实现部分网络功能的共享。一般而言,考虑到终端实现复杂度,可对移动性管理等终端粒度的控制面功能进行共享,而业务粒度的控制和转发功能则为各切片的独立功能,实现特定的服务。

# 4.3　5G C-RAN 架构

**1. 5G C-RAN 的需求和优势**

在 5G 时代,业务的范围从传统数据语音服务扩展到大规模机器到机器通信和超可靠的应急通信。时延和数据业务量有很大差异,同时业务的覆盖和可靠性的需求也有所不同。因此,在网络结构和实际部署需要支持不同业务的实际需求。

网络资源通常包括无线频谱资源和网络处理资源,为了满足业务负载的变化和网络升级的需要,无线频谱资源可能需要按照业务负载的需求实时分配,同时也考虑实际网络的资源释放及重耕(refarming)。另外,网络的硬件和软件资源也需要可管理和可编排。对于实际的网络运维,CU 的故障报警和节能也是很重要的方面。

面向无线接入网络演进和 5G 关键能力需求,C-RAN(Centralized,Cooperative,Cloud RAN)是未来无线接入网演进的重要方向。C-RAN 可实现 BBU/RRU 功能重构,从而更好地满足未来网络 CU-DU 分离、Massive MIMO 等新技术要求和无线资源编排的灵活性需求。

(1) C-RAN 部署架构的灵活性

C-RAN 网络结构中,中心单元 CU 的集中部署可能降低无线接入网络部署成本和能耗。CU-DU 分离的部署方式可以增加 CU 的覆盖范围,减少用户高速移动时用户面锚点的迁移,提高移动的平滑性,并减少由于基站间切换引起的核心网信令开销。同一 CU 下的不同 DU 可以组合成一个小区,从而实现 UE 在一个 CU 下不同 DU 间的无感知移动,在节省空口信令开销的同时提供更好的移动性体验。此外,扩大单小区的覆盖面积,还可以增大切换带,提升终端切换成功率、降低终端掉话率。

根据不同的业务和部署场景,C-RAN 的架构总体可以按照 5G 网络架构分为 CU 和 DU 两级,但是实际部署也可以出现 CU、DU 和 RRU 分离的三级配置,也可以出现 RRU 直接连入中心结点。CU、DU 位置也有不同的部署考虑。

(2) 无线接入技术的兼容性

在实际网络中,可能有不同的无线接入技术,如 4G 和 5G,同时也可能有不同的传输制式,如针对 eMBB 和 mMTC 通信可能有不同的传输技术,还可能需要兼容具体的通信技术,如 Wi-Fi 等。同样的,网络切片技术也和 C-RAN 有较强的相关性,这些技术都需要 C-RAN 各网络接口保证一定的灵活性和兼容性,能在实际应用中有机地结合在一起。

(3) 无线资源和网络资源的可编排性

对于无线资源和网络资源的可编排管理,一方面借助于资源的可配置性,另一方面也需要资源的配置能通过信息传递机制抵达具体的网元部件,有时候一个信息需要同时传递到多个网元部件,如无线频率分配,CU、DU 和 RRU 需要同时起作用。对于网络资源,应该可以根据实际负载需要关闭或者增加处理能力,以保证可靠高效的服务能力的提供。

**2. 下一代前传网络接口**

下一代前传网络接口(Next Generation Fronthaul Interface,NGFI)是指下一代无线网络主设备中基带处理功能与远端射频处理功能之间的前传接口。NGFI是一个开放性接口,至少具备两大特征:一方面,重新定义了基带处理单元(Base Band Unit,BBU)和远端射频模块(Remote Radio Unit,RRU)的功能,将部分 BBU处理功能移至 RRU 上,进而导致 BBU 和 RRU 的形态改变,重构后分别重定义名称为无线云中心(Radio Cloud Center,RCC)和射频拉远系统(Radio Remote System,RRS);另一方面,基于分组交换协议将前端传输由点对点的接口重新定义为多点对多点的前端传输网络。此外,NGFI 至少应遵循统计复用、载荷相关的自适应带宽变化、尽量支持性能增益高的协作化算法、接口流量尽量与 RRU 天线数无关、空口技术中立 RRS 归属关系迁移等基本原则。NGFI 不仅影响了无线主设备的形态,而且提出了对 NGFI 承载网络的新需求。基于 NGFI 的 C-RAN 网络架构如图 4.3.1 所示。

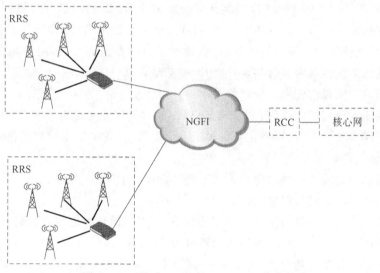

图 4.3.1　基于 NGFI 的 C-RAN 网络架构

NGFI 前传网络连接 RRS 和 RCC。其中,远端射频系统 RRS 包括天线、RRU以及传统 BBU 的部分基带处理功能——射频聚合单元(Radio Aggregation Unit,RAU)等功能。远端功能应部署在现有无线站址位置,对应功能的作用区是当前宏站的覆盖区域以及以宏站为中心拉远部署的微 RRU 和宏 RRU 的覆盖区域。无线云中心 RCC 包含传统 BBU 中除去 RAU 外的剩余功能、高层管理功能等,由于是多站址下的多载波、多小区的功能集中,从而形成了功能池,这一集中功能单元的作用区域应包括所有其下属的多个远端功能单元所覆盖的区域总和。相比扁平化的 LTE 网络设计,引入基带集中单元,并非引入一个高层级的网元,而仅是在考虑未来更高等级的协作化需求引入的基础上,进行 BBU/RRU 间的形态重构,并不影响扁平化网络结构。

NGFI 接口实现了连接 RRS 和 RCC 的功能,即重新划分完成后的 BBU 与 RRU 间接口。其接口能力设计指标定义须考虑 BBU/RRU 功能重构后对带宽、传输时延、同步的要求。

NGFI 相比较传统 CPRI 接口,对运营商组网而言将会从以下方面带来显著的优势:

①NGFI 利用了移动网络的业务潮汐效应,实现统计复用,提升了传输效率,降低了对前传网络的成本压力;

②NGFI 大幅降低了 RCC-RRS 传输接口带宽,在保持 RCC/RRS 分离结构的基础上,有利于多天线技术的实现,易于 RCC 集中化部署并实现无线网络协作化功能,从而满足未来无线网络架构的发展需求;

③NGFI 基于以太网传输,因此在建设运维上,可以利用已有传输网络结构,借助以太网传输技术实现灵活的组网,可靠且运维界面清晰。同时,易于实现统计复用,更好支持保护功能。另外,通过以太网的灵活路由能力,可更好地支持不同运营商之间的前传网络共建共享,节约网络基础资源;

④更易于实现前传和后传网络共享;

⑤易于实现网络虚拟化,更好地支持 RAN 共享和业务定制要求。

在 NGFI 的引入时,需要在一定程度上增加 RRU 侧的复杂度以支持 NGFI 协议,主要体现在如下三个方面:

①将部分无线协议栈功能及算法处理功能移至 RRU 侧实现;

②增加了时钟同步模块,实现 1588v2/SyncE。

③扩充了现有 BBU-RRU 点对点连接方式,考虑前传网络组网的需求,需要将每一个 RRS 看作一个网元,额外增加对 RRS 的管理功能。

④如果在设备实现时,将 RAU 与原有 RRU 进行功能整合,形成一体化 RRS,在将部分基带处理功能移至 RRS 侧时会增加 RRS 的热耗散,会对 RRS 的体积和重量带来较大的影响。按照目前 RRS 散热能力估算,在高温极限时,每单位体积的散热量大致为 15 W/L,即每增加 15 W 的功耗,相比原有 RRU,估计会使 RRS 体积增加 1 L,相应地 RRS 重量会增加约 1 kg 左右。

在部署 NGFI 时,需要考虑其对现有传输网络的影响。支持 NGFI 的传输设备应该具有较大带宽、低时延、低抖动、支持高时间同步精度、低成本、高集成度等特性。网络需要考虑丢包率、时延、时延抖动等参数。不同的功能划分方案对 NGFI 网络传输丢包率、时延和时延抖动等的要求是不同的,并且在某一划分方案下不同类型的数据对 NGFI 网络传输丢包率、时延和时延抖动等的要求也是有差异的。如根据丢包率指标要求，应该避免 NGFI 的无线前传网络流量拥塞，如支持 QoS；为控制时延，对 NGFI 的无线前传网络的传输距离和跳数有一定限制；同时尽量减小时延抖动。

由于 NGFI 的组网需求与目前回传网络(Backhaul)的需求差别很大，利用现有的回传网络实现 NGFI 数据的传输面临很大的挑战。以中国移动目前采用的分组传送网(Packet Transport Network，PTN)技术为基础的传输承载网络为例，PTN 强调全程全网，业务的组织有可能需要跨越数十甚至上百千米，网络覆盖面积广，业务传送距离远。接入设备和 BBU 站点尽量采用共站方式。PTN 网络同时为移动回传和大客户租线业务服务。但是 NGFI 的组织方式和 Backhaul 有较大的不同：首先，NGFI 网络是以 BBU 资源池为核心展开，业务覆盖面积小，传送距离短，可以在水平方向分割成若干独立的小岛，业务互不纠缠；其次，RRU 站点的分布数量多、间距近，不一定有接入机房，和现有的 PTN 接入机房重合较小。因此，从网络架构和分布上决定了无法完全重用现有的 PTN 网络，需要在部署时重新建设。

在中国移动研究院发布的《下一代前传网络接口(NGFI)白皮书》，NGFI 的主要应用于以下三种场景：

(1) 综合业务接入区

综合业务接入区场景下的 NGFI 应用是指以综合业务接入区为单位，对区内的分布式基站，利用接入区内原有的环形光缆网连接 RCC 和远端 RRS，实现 BBU 的集中部署，原有光缆网承载 NGFI 接口数据。其中，一个环上的宏站站点在 6～8 个，每个站点通常为 S2/2/2(即 3 个小区，每个小区 2 个载波)配置，但在未来业务量增长的情况下，可升级为 S3/3/3 配置。另外，RCC 集中点和远端 RRS 的传输距离一般不超过 20 km。

(2) 室分系统部署

在室分系统部署中，利用楼内预先部署的丰富网线资源承载 NGFI 接口数据，实现 RCC 与拉远 RRS 间的通信。RRS 规模视具体场景而定，可在十几、几十，甚至上百个。

(3) 以宏站机房为集中点的末端集中部署

此场景是为了满足容量需求，在业务量密集区域，将 RCC 集中放置在宏站机房，采用微站 RRS 拉远覆盖，提供容量保证，二者之间采用光纤直驱或者利用已有接入网管线进行连接，其中 RRS 可通过级联以节约缆线资源。宏站采用典型 S3/3/3 配置，微站一般为 2 天线全向覆盖。宏微站的比例一般在 1：3～1：6 之间，但在业务量极其密集的情况下，宏站和微站比例可达 1：9 甚至更高。距离上,宏微站之间一般为几千米。

在 5G 时代,为满足广覆盖和高速率的要求,将需要更密集的小站部署,并支持不同制式的异构网,如 5G/4G 异构、4G/Wi-Fi 异构和 5G/4G/Wi-Fi 异构。小站的控制和数据都需要集中在宏站。NGFI 网络能提供小站到宏站的汇聚功能,动态地调整小站传输网络配置。

**3. 5G C-RAN 逻辑架构**

中心单元 CU 通过交换网络连接远端的分布单元 DU,这一架构的技术特点是:可依据场景需求灵活部署功能单元,传送网资源充足时,可集中化部署 DU 功能单元,实现物理层协作化技术;在传送网资源不足时,也可分布式部署 DU 处理单元。而 CU 功能的存在,实现了原属 BBU 的部分功能的集中,既兼容了完全的集中化部署,也支持分布式的 DU 部署。可在最大化保证协作化能力的同时,兼容不同的传送网能力,如图 4.3.2 所示。

5G C-RAN 基于 CU/DU 的两级协议架构、NGFI 的传输架构及 NFV 的实现架构,形成了面向 5G 的灵活部署的两级网络云构架,将成为 5G 及未来网络架构演进的重要方向。

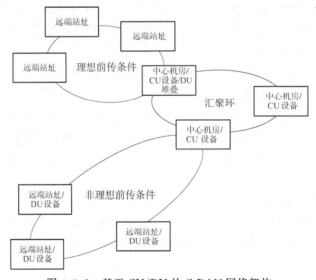

图 4.3.2　基于 CU/DU 的 C-RAN 网络架构

**4. 5G C-RAN 的特征**

5G C-RAN 网络具有集中化、协作化、云化和绿色四大特征。

(1)集中部署

传统 4G C-RAN 集中化是一定数量的 BBU 被集中放置在一个大的中心机

房。随着 CU/DU 和 NGFI 的引入,5G C-RAN 逐渐演变为逻辑上两级集中的概念,第一级集中沿用 BBU 放置的概念,实现物理层处理的集中,这对降低站址选取难度、减少机房数量和共享配套设备(如空调)等具有显而易见的优势。可选择合适的应用场景,有选择地进行小规模集中(比如百载波量级)。第二级集中是引入 CU/DU 后无线高层协议栈功能的集中,将原有的 eNodeB 功能进行切分,部分无线高层协议栈功能被集中部署。

(2)协作能力

对应于两级集中的概念,第一级集中是小规模的物理层集中,可引入 CoMP、D-MIMO 等物理层技术实现多小区/多数据发送点间的联合发送和联合接收,提升小区边缘频谱效率和小区的平均吞吐量。第二级集中是大规模的无线高层协议栈功能的集中,可借此作为无线业务的控制面和用户面锚点,未来引入 5G 空口后,可实现多连接、无缝移动性管理、频谱资源高效协调等协作化能力。

(3)无线云化

云化的核心思想是功能抽象,实现资源与应用的解耦。无线云化有两层含义:一方面,全部处理资源可属于一个完整的逻辑资源池。资源分配不再像传统网络在单独的基站内部进行,基于 NFV 架构,资源分配是在"池"的层面上进行,可以最大限度地获得处理资源的复用共享(如潮汐效应),降低整系统成本,并带来功能的灵活部署优势,从而实现业务到无线、端到端的功能灵活分布,可将 MEC 视为无线云化带来的灵活部署方式的应用场景之一。另一方面,空口的无线资源也可以抽象为一类资源,实现无线资源与无线空口技术的解耦,支持灵活无线网络能力调整,满足特定客户的定制化要求(如为集团客户配置专有无线资源实现特定区域的覆盖)。因此,在 C-RAN 网络里,系统可以根据实际业务负载、用户分布、业务需求等实际情况动态实时调整处理资源和空口资源,实现按需的无线网络能力,提高新业务的快速部署能力。

(4)绿色节能

利用集中化、协作化、无线云化等能力,减少了运营商对无线机房的依赖,降低配套设备和机房建设的成本和整体综合能耗,也实现了按需的无线覆盖调整和处理资源调整,在优化无线资源利用率的条件下提升了全系统的整体效能比。

# 4.4　"三朵云"网络架构

## 1."三朵云"网络总体架构

中国电信根据 5G 需求场景、网络及业务发展需求,提出了简称"三朵云"的网络架构,包括控制云、接入云和转发云三个逻辑域。

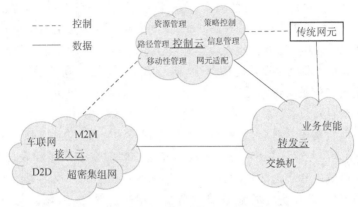

图 4.4.1 "三朵云"5G 网络总体逻辑架构

控制云完成全局的策略控制、会话管理、移动性管理、策略管理和信息管理等,并支持面向业务的网络能力开放功能,实现定制网络与服务,满足不同新业务的差异化需求,并扩展新的网络服务能力。

接入云支持用户在多种应用场景和业务需求下的智能无线接入,并实现多种无线接入技术的高效融合,无线组网可基于不同部署条件要求进行灵活组网,并提供边缘计算能力。

转发云配合接入云和控制云,实现业务汇聚转发功能,基于不同新业务的带宽和时延等需求,转发云在控制云的路径管理与资源调度下,实现增强移动宽带、海量连接、高可靠和低时延等不同业务数据流的高效转发与传输,保证业务端到端质量要求。"三朵云"5G 网络架构由接入云、控制云和转发云共同组成,不可分割,协同配合,并可基于 SDN/NFV 技术实现,依据业务场景灵活部署。

**2. 控制云**

控制云在逻辑上作为 5G 网络的集中控制核心,控制接入云与转发云。控制云由多个虚拟化网络控制功能模块组成,具体包括:接入控制管理模块、移动性管理模块、用户信息管理模块、策略管理模块、路径管理/SDN 控制器模块、传统网元适配模块、网络能力开放模块,以及对应的网络资源编排模块等(如图 4.4.2 所示)。这些功能模块从逻辑功能上可类比之前移动网络的控制网元,完成移动通信过程和业务控制。

在实现中,控制云以虚拟化技术为基础,通过模块化技术重新优化了网络功能之间的关系,实现了网络控制与承载分离、网络切片化和网络组件功能服务化等,整个架构可以根据业务场景进行定制化裁剪和灵活部署。

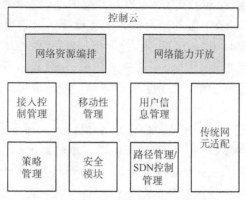

图 4.4.2　控制云功能模块组成

网络资源编排模块是 5G 网络虚拟化资源管理和控制的核心,其包含三个层次的子模块:编排器、VNFM 和 VIM。该模块提供了虚拟化环境下 5G 网络可管、可控、可运营的服务提供环境,使得基础资源可以便捷地提供给 5G 网络应用。

网络能力开放模块是 5G 网络对外开放的核心。5G 网络的模块化和切片技术、网络控制的集中化、数据资源的集中化,带来了网络开放的便捷性。5G 网络能力开放模块汇聚整合网络模块组件的开放能力,形成网络级别的开放能力,统一对外提供能力开放。

**3. 接入云**

根据 5G 时代的业务特征,业务的多样化和差异化的需求决定了 5G 时代多种制式无线接入系统将长期共存。在网络运营中,用户业务需求、网络状态以及用户喜好和终端能力等差异将决定数据传输和承载的差异化,包括灵活调度与分配、分流与聚合等,实现系统资源利用和业务质量保证的良好均衡。因此,5G 接入网将是一个动态的异构网络,可针对各种业务场景选择集中式、分布式和分层式部署,可通过灵活的无线接入技术,实现高速率接入和无缝切换,提供极致的用户体验。在无线网络部署时,须综合考虑业务应用属性、网络功能特性、网络环境条件等多重因素,将所选择的网络功能在无线网络物理节点进行合理部署。

接入云功能需求包括新型无线接入技术、灵活资源协同管理、跨制式系统深度融合、无线网络虚拟化、边缘计算与无线能力开放等。为了实现 5G 网络场景和业务应用所提出的高性能指标,需要考虑引入新型无线接入技术,具体包括大规模天线阵列、新型多址技术、全频谱接入等,5G 接入云对这些新型无线接入技术进行有效管控和支撑。

基于接入集中控制模块,5G 网络可以构建一种快速、灵活、高效的协同机制,以实现不同无线接入系统的融合,提升移动网络资源利用率,进而大大提升用户的业务体验。5G 时代将是以用户为中心的全方位信息生态系统,通信技术与 IT 技术地深度结合,将 IT 计算与服务能力部署于移动接入网络边缘,逐步实现虚拟化和云化,进而提供与环境紧耦合的高效、差异化、多样化的移动宽带用户服务体验。同时,结合 IT 技术优势,通过构建一个标准化的、开放式的边缘计算平台,形成全新的价值链条,开启全新的服务类别和提供丰富的用户业务。

**4. 转发云**

5G 网络实现了核心网控制面与数据面的彻底分离,转发云实现数据流的高速转发与处理功能。在逻辑功能上,转发云包括了单纯高速转发单元以及各种业务使能单元。传统网络中,业务使能单元在网关之后呈链状部署,如果想对业务链进行改善,则需要在网络中增加额外的业务链控制功能或者增强控制网元。在转发云中,业务使能单元与转发单元呈网状部署,一同接受控制云的路径管理控制,根据控制云的集中控制,基于用户业务需求,软件定义业务流转发路径,实现转发单元与业务使能单元的灵活选择。

除此之外,转发云可以根据控制云下发的缓存策略实现热点内容缓存,从而减少业务时延、减少移动网往外出口流量和改善用户体验。为了提升转发云的数据处理和转发效率等,转发云需要周期或非周期地将网络状态信息上报给控制云进行集中优化控制。考虑到控制云与转发云之间的传播时延,某些对时延要求严格的事件需要转发云本地进行处理。

# 第 5 章　5G 网络部署和演进

## 5.1　5G 频谱策略

**1. 5G 可用频率**

在应用场景方面,未来的 5G 将支持增强的移动宽带、具有高可靠性和超低时延的通信以及大规模机器间通信三大类主要应用场景。在系统性能方面,5G 将具备 10～20 Gbit/s 的峰值速率,100 Mbit/s～1 Gbit/s 的用户体验速率,每平方千米 100 万的连接数密度,1 ms 的空口时延,500 km/h 的移动性支持,每平方米 10 Mbit/s 的流量密度等关键能力指标,相对 4G 提升 3～5 倍的频谱效率和百倍的能效。

为满足以上愿景,5G 频率将涵盖高、中、低频段,即统筹考虑全频段,高频段一般指 6 GHz 以上频段,连续大带宽可满足热点区域极高的用户体验速率和系统容量需求,但是其覆盖能力较弱,难以实现全网覆盖,因此需要与 6 GHz 以下的中低频段联合组网,以高频和低频相互补充的方式解决网络连续覆盖的需求。

3GPP Release 15 TS38.104 将 5G 频段分为两个频段范围(Frequency Ranges,FR),各频率范围定义如表 5.1.1 所示。

表 5.1.1　频率范围定义

| 频率范围定义 | 相关频率范围 |
| :---: | :---: |
| FR1 | 450～6 000 MHz |
| FR2 | 24 250～52 600 MHz |

FR1 的频段方案如表 5.1.2 所示。

表 5.1.2　FR1 中的 NR 频段方案

| NR 频段 | 上行频段 | 下行频段 | 双工模式 |
|---|---|---|---|
| n1 | 1 920～1 980 MHz | 2 110～2 170 MHz | FDD |
| n2 | 1 850～1 910 MHz | 1 930～1 990 MHz | FDD |
| n3 | 1 710～1 785 MHz | 1 805～1 880 MHz | FDD |
| n5 | 824～849 MHz | 869～894 MHz | FDD |
| n7 | 2 500～2 570 MHz | 2 620～2 690 MHz | FDD |
| n8 | 880～915 MHz | 925～960 MHz | FDD |
| n20 | 832～862 MHz | 791～821 MHz | FDD |
| n28 | 703～748 MHz | 758～803 MHz | FDD |
| n38 | 2 570～2 620 MHz | 2 570～2 620 MHz | TDD |
| n41 | 2 496～2 690 MHz | 2 496～2 690 MHz | TDD |
| n50 | 1 432～1 517 MHz | 1 432～1 517 MHz | TDD |
| n51 | 1 427～1 432 MHz | 1 427～1 432 MHz | TDD |
| n66 | 1 710～1 780 MHz | 2 110～2 200 MHz | FDD |
| n70 | 1 695～1 710 MHz | 1 995～2 020 MHz | FDD |
| n71 | 663～698 MHz | 617～652 MHz | FDD |
| n74 | 1 427～1 470 MHz | 1 475～1 518 MHz | FDD |
| n75 | N/A | 1 432～1 517 MHz | SDL |
| n76 | N/A | 1 427～1 432 MHz | SDL |
| n77 | 3 300～4 200 MHz | 3 300～4 200 MHz | TDD |
| n78 | 3 300～3 800 MHz | 3 300～3 800 MHz | TDD |
| n79 | 4 400～5 000 MHz | 4 400～5 000 MHz | TDD |
| n80 | 1 710～1 785 MHz | N/A | SUL |
| n81 | 880～915 MHz | N/A | SUL |
| n82 | 832～862 MHz | N/A | SUL |
| n83 | 703～748 MHz | N/A | SUL |
| n84 | 1 920～1 980 MHz | N/A | SUL |

FR2 的频段方案如表 5.1.3 所示。

表 5.1.3　FR2 中的 NR 频段方案

| NR 频段 | 上下行频段 | 双工模式 |
|---|---|---|
| n257 | 26 500～29 500 MHz | TDD |
| n258 | 24 250～27 500 MHz | TDD |
| n260 | 37 000～40 000 MHz | TDD |

**2. 各国 5G 频率方案**

对于世界上的主要国家和地区,其重点关注和规划的频段与 ITU 的标准频段基本相符。此外,各国也可根据自身频率划分和使用现状,将部分 ITU 尚未考虑的频段纳入 5G 用频范畴。

美国联邦通信委员会(Federal Communications Commission, FCC)通过了将 24 GHz 以上频谱规划用于无线宽带业务的法令,包括 27.5~28.35 GHz、37~38.6 GHz 和 38.6~40 GHz 频段共计 3.85 GHz 带宽的授权频率,以及 64~71 GHz 共计 7 GHz 带宽的免授权频率。2016 年 11 月,欧盟委员会无线电频谱政策组(RSPG)正式发布 5G 频谱战略,明确 24.25~27.5 GHz、3.4~3.8 GHz、700 MHz 频段作为欧洲 5G 初期部署的高中低优先频段。在亚洲地区,韩国 2018 年平昌冬奥会期间,在 26.5~29.5 GHz 频段部署 5G 试验网络;日本总务省(MIC)发布了 5G 频谱策略,计划 2020 年东京奥运会之前实现 5G 网络正式商用,重点考虑规划 3.6~4.2 GHz、4.4~4.9 GHz、27.5~29.5 GHz 等频段。

2016 年初,我国批复了 3 400~3 600 MHz 频段用于 5G 技术试验,并依托《中华人民共和国无线电频率划分规定》修订工作,积极协调 3 300~3 400 MHz、4 400~4 500 MHz、4 800~4 990 MHz 频段用于 IMT 系统。并 2017 年 6 月就 3 300~3 600 MHz、4 800~5 000 MHz 频段的频率规划公开征求意见。同时,梳理了高频段现有系统,并开展了初步兼容性分析工作,并于 2017 年 6 月就 24.75~27.5 GHz、37~42.5 GHz 或其他毫米波频段的频率规划公开征求意见。针对物联网的应用,允许 5 905~5 925 MHz 频段用于 LTE-V 试验,确定了窄带物联网(Narrow Band-Internet of Things,NB-IoT)应用的用频思路。2017 年 11 月 15 日,工业和信息化部发布《关于第五代移动通信系统使用 3 300~3 600 MHz 和 4 800~5 000 MHz 频段相关事宜的通知》,确定 5G 中频频谱,能够兼顾系统覆盖和大容量的基本需求。

2018 年 12 月,工业和信息化部批准了三大运营商的全国范围 5G 中低频段试验频率使用许可。其中,中国电信获得 3 400 MHz~3 500 MHz 共 100 MHz 带宽的 5G 试验频率资源;中国移动获得 2 515 MHz~2 675 MHz、4 800 MHz~4 900 MHz 频段的共 260 MHz 带宽 5G 试验频率资源,其中 2 515~2 575 MHz、2 635~2 675 MHz 和 4 800~4 900 MHz 频段为新增频段,2 575~2 635 MHz 频段为重耕中国移动现有的 TD-LTE(4G)频段;中国联通获得 3 500 MHz~3 600 MHz 共 100 MHz 带宽的 5G 试验频率资源。

目前,各国的频谱计划如表 5.1.4 所示。

表 5.1.4  主要国家 5G 频谱计划

| 国家 | 低段频谱 | 中段频谱 | 高端频谱 |
|---|---|---|---|
| 中国 | | 3.3～3.4 GHz(室内)；<br>3.4～3.6 GHz；<br>4.8～5 GHz | 24.75～27.5 GHz；<br>37～42.5 GHz 征求意见 |
| 美国 | | | 27.5～28.35 GHz；<br>37～38.6 GHz；<br>38.6～40 GHz；64～71 GHz |
| 韩国 | | 一阶段：3.4～3.7 GHz | 一阶段：27.5～28.5 GHz<br>二阶段：26.5～27.5 GHz；<br>28.5～29.5 GHz |
| 日本 | | 3.6～4.2 GHz；4.4～4.9 GHz | 27.5～29.5 GHz |
| 欧盟 | 700 MHz | 3.4～3.8 GHz<br>2020 年前主要频段 | 24.25～27.5 GHz 5G 先行频段 |
| 德国 | 2 GHz | 3.4～3.7 GHz 国家用途<br>3.7～3.8 GHz 区域使用 | 已被占用 |
| 英国 | 700 MHz | 3.4～3.8 GHz | 26 GHz |

# 5.2  5G 应用场景和部署

## 1. 3GPP 定义应用场景

3GPP 根据 ITU 确定的三大应用场景：增强移动宽带、海量物联网通信、超高可靠性与超低时延业务在 TR38.913 中描述了 5G 网络应用的具体场景，如表 5.2.1 所示。

表 5.2.1  5G 网络应用场景

| 场景名称 | 场景描述 |
|---|---|
| 室内热点 | 室内热点关注小覆盖率范围的站点/TrxP，主要在建筑物中的高用户吞吐量或用户密度。这种部署场景的关键特性是高容量、高用户密度和室内可持续的用户体验 |
| 密集市区 | 密集市区场景侧重于宏蜂窝 TrxP 或宏微协同的 TrxP 部署，主要为城市中心和密集的城市区域，具有高的用户密度和交通负荷。这种部署场景的关键特性是高流量负载，室外、室外到室内覆盖持续覆盖 |

| 场景名称 | 场景描述 |
| --- | --- |
| 农村 | 农村部署方案的重点是广覆盖和连续覆盖。这种场景的关键特征是支持连续广域覆盖和高速移动。使用宏蜂窝 TrxP,噪声和干扰受限 |
| 普通市区 | 重点为大型小区和连续覆盖。其关键特征是在城市地区的连续和无处不在的覆盖。使用宏蜂窝 TrxP,干扰受限 |
| 高速场景 | 集中于高速列车沿轨道的连续覆盖。其关键特征是持续性的乘客用户体验和关键的列车通信可靠性,具有非常高的移动性 |
| 低密度地区的超远覆盖 | 为非常低密度的用户提供超远覆盖,用户包括人和机器,这种方案的关键特性是宏小区,具有非常大的覆盖率,支持基本的数据速度和语音服务,具有低到中等的用户吞吐量和低的用户密度 |
| 普通市区的大规模连接 | 侧重于宏蜂窝小区和连续覆盖,以提供 eMTC 业务。其关键特征是在城市地区的连续和无处不在的覆盖,具有非常高的连接密度的 mMTC 设备 |
| 高速公路 | 侧重于车辆在高速公路上高速移动的场景。在这种情况下评估的主要 KPI 将是高速/移动性下带来的频繁切换操作的可靠性/可用性 |
| 普通市区车联网 | 侧重于普通市区环境下高密度分布的车辆场景。它包络了穿越普通市区的高速公路。在这种情况下评估的主要 KPI 为高网络负载和高 UE 密度场景下的可靠性/可用性/时延 |
| 商业地空通信 | 商业地空通信即为商业航空提供业务,使飞机上的用户和机器能够进行移动通信业务,该场景无须建设机载基站。其关键特征为广覆盖的宏蜂窝小区,支持基本数据和语音服务,具有中等的用户吞吐量,由于用户在高空以高速旅行,需要进行特别的优化。为达到这一目标,商业航线的飞机很可能配备一个聚合点 |
| 小型飞行器 | 小型飞行器方案被定义为允许为一般的小型飞行器提供服务,以使直升机或其他小型飞行器上的用户和机器能够使用移动通信业务。该场景无须建设机载基站。这种场景的关键特征是覆盖区域向上的广覆盖宏小区,它支持基本数据和语音服务,具有适度的用户吞吐量和低的用户密度,由于用户在高空以高速旅行,需要进行特别的优化。小型飞行器不配备中继 |
| 地面卫星通信 | 该场景用于在某些地面通信无法覆盖区域或卫星通信支持的业务更加有效的情况,通信卫星作为一种补充手段覆盖地面业务无法覆盖的公路、乡村等区域。卫星支持的业务不只限于数据和语音,也包括机器间通信、广播和其他对时延容忍度较高的业务 |

## 2. 高速铁路覆盖场景

高速铁路覆盖场景主要关注高铁沿线的连续覆盖,重点在于如何向位于高速行驶列车上的用户提供持续的优质服务,以及在高速场景下如何保障关键列车通信的可靠性。

针对高速铁路场景,3GPP 给出的性能目标为:

- 用户体验速率:100 Mbit/s
- 用户移动速度:500 km/h
- 高速移动场景下的用户密度:500 用户同时在线

针对高速铁路场景,3GPP 给出了两种网络部署方式:

方式一　在铁路沿线部署宏小区,并直接向车内用户提供服务;

方式二　在铁路沿线部署宏小区,宏小区与车顶的 Relay 节点通信,而 Relay 节点向车内用户提供服务。

具体细节如表 5.2.2 所示。

**表 5.2.2　3GPP 关于高速铁路场景的组网评估**

| 属性 | 组网评估 |
| --- | --- |
| 频段 | 方式 1:仅使用宏小区:4 GHz 左右频段<br>方式 2:使用宏小区+Relay 节点的两种待评估频段组合<br>• 基站到 Relay 节点:4 GHz 左右频段<br>Relay 节点到 UE:30 GHz 左右频段,或 70 GHz 左右频段,或 4 GHz 左右频段<br>• 基站到 Relay 节点:30 GHz 左右频段<br>Relay 节点到 UE:30 GHz 左右频段,或 70 GHz 左右频段,或 4 GHz 左右频段 |
| 聚合系统带宽 | 4 GHz 左右频段:最大 200 MHz(DL+UL)<br>30 GHz 或 70 GHz 左右频段:最大 1 GHz(DL+UL) |
| 部署 | 仅使用宏小区:4 GHz 左右频段;沿高速铁路沿线部署专用基站,RRH 距离铁轨 100 m。<br>使用宏小区+Relay 节点:<br>• 4 GHz 左右频段:沿高速铁路沿线部署专用基站,RRH 距离铁轨 100 m<br>• 30 GHz 左右频段:沿高速铁路沿线部署专用基站,RRH 距离铁轨 5 m |
| 站间距 | 4 GHz 左右频段:两个 RRH 间站距为 1 732 m,每个 RRH 包含 2 个 TRP<br>30 GHz 左右频段:BBU(CU)间距离为 1 732 m,每个 BBU 连接 3 个 RRH,每个 RRH 包含 1 个 TRPx,RRH 间距离为(580 m,580 m,572 m);车内 smallcell 站间距为 25 m |
| 基站天线 | 30 GHz 左右频段:最大天线数为 256Tx/256Rx<br>4 GHz 左右频段:最大天线数为 256Tx/256Rx |

| 属性 | 组网评估 |
| --- | --- |
| UE 天线 | RelayTx:最大天线数为 256<br>RelayRx:最大天线数为 256<br>30 GHz 左右频段:最大天线数为 32<br>4 GHz 左右频段:最大天线数为 8 |
| 用户分布 | 所有用户均在车厢内<br>每个宏小区 300 用户<br>最大速度:500 km/h |

### 3. 高速公路覆盖场景

高速公路覆盖场景关注高速公路路网沿线的连续覆盖,重点在于如何保证高速移动状态下通信的可靠性,以及如何使车内乘客的用户体验保持稳定。

在高速公路覆盖场景下,针对不同流媒体业务对网络性能的不同需求,3GPP 在 5G 业务需求研究报告 TR22.891 给出了建议的系统性能目标:

- 网页浏览等一般应用:不低于 0.5 Mbit/s
- 高品质音频流:不低于 1 Mbit/s
- 标清视频流:不低于 5 Mbit/s
- 高清视频流:不低于 15 Mbit/s

上述网络性能所假设的基本场景特征为:

- 用户密度:车辆聚集的拥堵道路条件下平均 1 km² 内车辆数目 2 000 辆
- 车辆移动速度范围:0 km/h~200 km/h
- 流媒体业务对时延并不敏感,但时延不能高于 100 ms

与此同时,针对车辆间通信对网络性能的特殊需求,3GPP 在 5G 业务需求研究报告 TR22.891 中给出了建议的系统性能目标:

- 端到端时延:1 ms
- 链路可靠性:接近 100%
- 上下行速率:不低于数十 Mbit/s(密集用户环境)
- 用户移动性:绝对速度高于 200 km/h
- 高精度定位:误差 0.1 m
- 支持点对多点传输(广播或多播)

针对高速公路场景,3GPP 在 5G 接入网需求研究报告 TR38.913 中给出了两种网络部署方式。

- 方式 1:在高速公路沿线区域部署宏小区,并直接向车内用户提供服务
- 方式 2:在高速公路区域部署宏小区,宏小区与车道旁边的路边单元(Road Side Unit,RSU)节点通信,而 RSU 节点向车内用户提供服务

3GPP 关于高速公路场景的组网评估如表 5.2.3 所示。

**表 5.2.3 3GPP 关于高速公路场景的组网评估**

| 属性 | 组网评估 |
|------|---------|
| 频段 | 方式 1:仅使用宏小区:6 GHz 左右频段<br>方式 2:使用宏小区+RSU 节点<br>• 基站到 RSU 节点:6 GHz 左右频段<br>• RSU 节点到 UE:6 GHz 以下频段 |
| 聚合系统带宽 | 最大:200 MHz(DL+UL)<br>最大:1 MHz(SL) |
| 部署 | 仅使用宏小区:<br>• 宏基站间距 1 732 m,或 500 m<br>使用宏小区+ RSU 节点:<br>• 宏基站间距 1 732 m,或 500 m<br>• RSU 间距:50 m 或 100 m |
| 基站天线 | 最大天线数为 256Tx/256Rx |
| UE 天线 | RSU:最大天线数为 8Tx/8Rx<br>UE:最大天线数为 8Tx/8Rx |
| 终端分布及速度 | 所有终端用户都位于车辆内部;<br>两车之间平均车距为 0.5 s(或 1 s)×平均车辆速度(同一条车道上,平均车辆速度区间为:100~300 km/h) |

### 4. 超密集网络覆盖

在用户集中的室内热点区域,数据流量需求将呈现爆发式的增长。针对该场景,3GPP 在 TR22.891 中,给出的超密集网络下的性能要求目标为:

- 用户体验速率:可达 Gbit/s
- 用户峰值速率:数十 Gbit/s(如 20 Gbit/s)
- 区域总体吞吐量:可达 Tbit/s/km$^2$
- 极低的传输时延

针对超密集网络部署的情况,3GPP 在 TR38.913 中给出了一种典型网络部署方式供评估。部署细节如表 5.2.4 所示。

**表 5.2.4　3GPP 关于超密集组网的组网评估**

| 属性 | 组网评估 |
| --- | --- |
| 频段 | 30 GHz 左右频段,或 70 GHz 左右频段,或 4 GHz 左右频段 |
| 聚合系统带宽 | 30 GHz 左右频段或 70 GHz 左右频段:最多 1 GHz(UL+DL) <br> 4 GHz 左右频段:最多 200 MHz(UL+DL) |
| 部署 | 室内单层(开放环境): <br> 站点之间距离 20 m(等效于每 120 m×50 m 面积范围内分布 12 个 TRxP) |
| 基站天线 | 30 GHz 左右频段或 70 GHz 左右频段:最大天线数为 256Tx/256Rx <br> 4 GHz 左右频段:最大天线数为 256Tx/256Rx |
| UE 天线 | 30 GHz 左右频段或 70 GHz 左右频段:最大天线数为 32Tx/32Rx <br> 4 GHz 左右频段:最大天线数为 8Tx/8Rx |
| 用户分布 | 所有用户均位于室内,移动速度 3 km/h,平均每个 TRxP 覆盖范围内分布 10 个用户 |

其中,发送接收点(Transmission Reception Point,TRxP)为具有一个或多个天线单元的天线阵列,该天线单元可用于位于特定区域的特定地理位置的网络。一般来说,3 扇区站点由 3 个 TrxP 组成。

为了满足室内用户密集区域超大数据流量的需求,一个主要解决途径是针对此类区域部署大量微蜂窝小区,以提升网络的网络容量和频谱效率以满足热点区域的需求。

### 5. 异构网覆盖

在密集城区等人群聚集且业务负载较大的区域,对网络覆盖连续性及网络容量都有较高要求。为了应对此类场景,在 LTE 中提出了宏蜂窝小区与微蜂窝小区混合组网的异构组网方式,如图 5.2.1 所示。

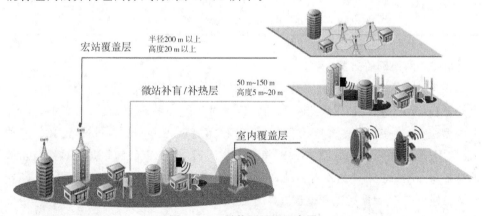

图 5.2.1　异构网组网示意图

在异构组网中,微蜂窝节点覆盖范围小,主要用于分流数据流量;而宏蜂窝小区覆盖范围较大,主要用于提供覆盖的连续性。宏蜂窝与微蜂窝的协同部署可以在保证网络连续覆盖的基础上,实现系统容量和频谱效率的大幅度提升。

3GPP 在 TR38.913 中针对密集城区场景给出了以异构组网为基础的待评估部署方式,部署细节如表 5.2.5 所示。

表 5.2.5  3GPP 关于异构网组网的组网评估

| 属性 | 组网评估 |
|------|---------|
| 频段 | 宏蜂窝:4 GHz 左右频段<br>微蜂窝:30 GHz 左右频段 |
| 聚合系统带宽 | 30 GHz 左右频段:最多 1 GHz(UL+DL)<br>4 GHz 左右频段:最多 200 MHz(UL+DL) |
| 部署 | 宏蜂窝:传统六边形蜂窝结构,间距 200 m<br>微蜂窝:室外随机部署,每个宏蜂窝 TRxP 范围内配置 3 个微蜂窝 TRxP<br>方式 1:仅宏基站配置 4 GHz 左右频段载频<br>方式 2:宏基站与微基站均可配置 4 GHz 左右和 30 GHz 左右频段载频(包含单层宏基站存在的情况) |
| 基站天线 | 30 GHz 左右频段:最大天线数为 256Tx/256Rx<br>4 GHz 左右频段:最大天线数为 256Tx/256Rx |
| UE 天线 | 30 GHz 左右频段:最大天线数为 32Tx/32Rx<br>4 GHz 左右频段:最大天线数为 8Tx/8Rx |
| 用户分布 | 方式 1:均匀分布宏基站 TRxP,每个 TRxP 范围内有 10 个 UE<br>方式 2:均匀分布宏基站 TRxP+ 簇状分布微基站 TRxP,每个 TRxP 覆盖范围内有 10 个 UE<br>80% 室内情形(移动速度 3 km/h),20% 室外情形(移动速度 30 km/h) |

## 6.5G 网络部署方案

根据 5G 多样化的应用,其应用场景也不只是广域覆盖,还包括密集热点、机器间通信、车联网、大型露天集会和地铁等。对于每一种应用场景,又有不同的业务类型组合,这些都是业务需求场景。ITU-R IMT 2020 and beyond 定义的三种5G 应用场景:增强移动宽带 eMBB、海量物联网通信 mMTC 和超高可靠性与超低时延业务 uRLLC 不仅是现有移动蜂窝网络业务的延续发展,也考虑了未来 5G 新业务需求。经过大量讨论和论证,5G 重点关注以下典型部署场景:室内热点、密集城区、郊区、城区、高铁、超远覆盖、大连接、高速公路和空地通信等。5G 基站由于部署场景的差别,站间距考虑从 20～5 000 m 的覆盖范围,支持用户移动速率范围从 3～500 km/h。

5G 部署频段需要考虑低频段(低于 4 GHz)和高频段(20 GHz)混合组网场景。为满足不同传输带宽、时延、移动性等各典型场景的业务需求,5G 候选频谱资源需要继续挖掘低频段频谱资源的潜力,同时向高频段寻找更多可用频谱资源,以支持高达 200 MHz 甚至 1 GHz 的频带需求。5G 高频段有利于多天线技术应用,高频段在多天线传输(高达 256 根天线)方面比低频段有更大的传播特性优势。

结合业务需求,从部署角度划分,5G 网络部署分为四大典型部署场景,这四个场景分别是:宏蜂窝覆盖增强场景、超密集部署场景、物联网场景和低时延/高可靠场景。

(1) 宏蜂窝覆盖增强场景

该场景所用的频段一般为低频,宏基站小区的覆盖半径可达数千米。100 Mbit/s 用户体验速率的性能指标较具有挑战性。在这个场景中,不同用户到基站的路径损耗差异很大,使得信噪比差别也很大。宏基站一般允许布置许多天线,连接数大,即使是人与人之间的通信用户数也很大。在宏蜂窝覆盖增强场景中部署 5G 网络,5G 网络大规模天线、非正交传输以及新型调制编码等关键技术取得的总增益近似等于各个技术所带来增益的叠加。

(2) 超密集部署

5G 超密集组网是解决未来 5G 网络数据流量需求以及用户体验速率提升的有效方案,5G 的应用场景许多是与超密集部署相关的,如办公室、密集城市公寓、商场、露天集会和体育场馆。

这种部署下的用户体验速率要求是 1 Gbit/s。很明显,室内或室外用户的密度在典型面积下相当高。小区的拓扑形状呈现高度的异构性和多样性,有宏小区、微小区(Micro cell)、毫微小区(Pico cell)和微微小区(Femto cell)。异构网各小区的发射功率、天线增益和天线高度也大相径庭。

超密集部署场景利用 5G 网络的高级干扰协调管理、虚拟小区、无线回传、新型调制编码、增强的自组织网络以及室内小区高频通信等技术来增强用户体验,同时高频的短波长性质使得大规模天线阵列更容易部署。

(3) 机器间通信场景

机器间通信的最大挑战是支持海量的终端数。这也意味着每一个机器终端的成本要远低于一般的手机终端。功耗方面也得足够低,以保证电池几年不耗尽。

覆盖性能还应该特别好,能够克服损耗达到地下室等人与人通信不常出现的场景。机器间通信的部署需要利用 5G 系统窄带传输、控制信令优化、非正交传输等关键技术。窄带传输能有效降低设备费用并提高覆盖。控制信令优化可显著降低控制信道的开销。非正交传输支持多个终端同时同频共享无线资源,其接入过程可以是竞争式的,从而有效降低控制信令开销。

(4)低时延和高可靠场景

低时延和高可靠是几种应用共同的要求。如在某些制造工业中的机器间通信,毫秒级的延时会严重影响产品质量;在智能交通系统,毫秒级延时和近乎为 0 的检测率是硬性要求,否则无法避免交通事故。该场景对 5G 系统对物理帧的设计和链路自适应等方面提出了更高要求。5G 的 D2D 技术也可降低端到端的时延。

# 5.3　5G 网络演进策略

### 1. 网络演进总体策略

根据移动通信技术的发展规律,5G 技术和产业链的发展成熟需要一个长期过程,预计 5G 网络将与现有网络长期并存、有效协同。另外,在业务需求方面,5G 将与云计算、物联网等新型能力和网络充分结合,实现与垂直行业的跨界融合;在电力、物流、银行、汽车、媒体、医疗、智慧城市等领域创造全新业态,为行业开拓巨大的价值增长空间。

综合考虑业务需求、业务体验、技术方案的成熟性、终端产业链支持、建设成本等因素,5G 网络演进应遵循以下原则。

①多网协同原则:5G 和 4G/WLAN 等现有网络共同满足多场景业务需求,实现室内外网络协同发展;同时保证现有业务的平滑过渡,避免现网业务中断和缺失。

②分阶段演进原则:避免对现有网络大规模、频繁升级改造,保证网络的平稳运营。

③技术经济性原则:关键技术和方案的选择,需要基于技术经济比较;网络建设需要充分利用现有资源,实现固移资源协同和共享,并发挥差异化竞争优势。

根据中国运营商网络现状,5G 网络建设初期,将拥有一张以 4G 网络为主的现网与 5G 并存的网络,即便在 5G 网络的成熟期,4G 和 5G 网络仍将长期并存,协同发展。面对多种业务的不同需求,实现应用感知的多网络协同和基于统一承载、边缘计算等的固移融合。推动人工智能技术在 5G 网络管理、资源调度、绿色节能和边缘计算等方面应用,改变网络运营模式,实现智能 5G。

**2. 无线网络演进策略**

在 5G 无线网络建设中,可以综合考虑网络演进、现网改造、业务能力和终端性能等因素,并以此选择 LTE 与 5G 联合组网或 5G 独立组网方案(详见 5.3 5G 网络建设部署方案)。

5G 发展初期主要采用部署成本低、业务时延小、规划与运维复杂度低和建设周期短的 CU/DU 合设方案。结合实际部署场景和需求,首先在热点高容量地区优选大规模天线设备提升系统容量和覆盖。

5G 发展中远期则按需升级,进而支持 uRLLC 和 mMTC 业务场景,同时适时引入 CU/DU 分离架构,满足 5G 网络结构灵活布置需求。

**2. 核心网演进策略**

根据 5G 网络建设部署方案为独立组网还是非独立组网方案布置核心网演进策略。若为独立组网方案,需通过核心网互操作实现 4G 和 5G 网络的协同,满足 5G 场景需求。

根据基于服务化架构的 5G 核心网采用云化部署、控制面集中部署,对用户面转发资源进行全局调度,用户面可按需下沉,实现分布式灵活部署,体现网络即服务理念。

①核心网支持端到端的网络切片技术,实现网络与不同业务类型的匹配、精准服务垂直行业的个性化需求;

②核心网支持边缘计算技术,重点服务低时延、本地大流量业务的需求,解决边缘计算在 4G 网络应用中存在的用户识别、计费和监管等问题,以支持 5G 创新应用。

③核心网应支持语音业务承接,初期采用从 5G 回落到 4G 网络的方案,通过 VoLTE 技术提供语音业务。

④核心网随着标准和技术的逐步演进和完善,5G 核心网将按需升级支持 ITU 定义的应用场景及 5G 创新应用。推动多网融合技术发展,在多网融合技术和产业成熟后,适时考虑 5G 核心网支持多种接入方式的统一管理和认证,实现多种接入网络之间的数据并发或数据调度,保持业务和会话的连续性,发挥多网融合优势。

**3. 承载网演进策略**

5G 网络带宽相对 4G 预计有数十倍以上增长,导致承载网速率需求急剧增加,因此在承载网演进中,需要充分考虑遵循固移融合、综合承载的原则和方向,根据 NGFI 和 C-RAN 等架构方案,使得承载网络满足 5G 网络的高速率、低时延、高可靠和高精度同步等性能需求。

①在光纤资源充足或 CU/DU 分布式部署的场景,5G 前传方案建议采用以 NGFI 为基础的 C-RAN 架构。在光纤资源充足情况下,以光纤直连为主;当光纤资源不足且 CU/DU 集中部署时,可采用基于 WDM 技术的承载方案。

②对于 5G 回传,初期业务量不太大,可以采用比较成熟的 IPRAN/PTN 等基础方案,后续根据业务发展情况,在业务量大而集中的区域可以采用 OTN 方案,PON 技术在部分场景可作为补充;中远期适应 5G 规模部署需求,建成高速率、超低时延、支持网络切片和基于 SDN 智能管控的回传网络。

# 5.4  5G 无线网络规划

### 1. 5G 网络规划的特点

根据 5G 网络技术特点,5G 的无线网络规划有以下特点。

(1)高频段组网

5G 频率将涵盖高、中、低频段,即统筹考虑全频段,高频段一般指 6 GHz 以上频段,连续大带宽可满足热点区域极高的用户体验速率和系统容量需求,但是其覆盖能力较弱,难以实现全网覆盖。因此,需要与 6 GHz 以下的中低频段联合组网,以高频和低频相互补充的方式来解决网络连续覆盖的需求。

工业和信息化部发布《关于第五代移动通信系统使用 3 300～3 600 MHz 和 4 800～5 000 MHz 频段相关事宜的通知》,规划 3 300～3 600 MHz 和 4 800～5 000 MHz 频段作为 5G 系统的工作频段,其中 3 300～3 400 MHz 频段原则上限室内使用。在此基础上,下一代移动网络还将可能使用 6 GHz 以上频谱资源,目前主要面向 6～100 GHz。由此可见,5G 网络较现有的移动通信网络而言,将采用更高的频段,无线信号在传播的衰减将会更大,在组网过程中对于基站的位置要求将会更高。

(2)超密集组网

在 5G 网络建设中,由于需要达到数据流量 1 000 倍以及用户体验速率 10～100 倍的提升,超密集组网就成为到达未来 5G 性能指标的有效解决方案。在超密集异构组网方案中,终端可以在部分区域内捕获更多的频谱,提升了业务的功率效率、频谱效率,大幅度提高了系统容量,并天然地保证了业务在各种接入技术和各覆盖层次间负荷分担。但是,由于更好的频段和更大的业务容量都要求基站的间距进一步下降,基站密度进一步增加。

在 2G、3G 移动通信网中,采用的是 800 MHz 和 900 MHz 的频段,密集城区站间距保持在 1 千米、农村站间距保持在 6～7 千米,即可满足覆盖要求。LTE 移动网工作在 2 GHz 频段附近,密集城区站间距要小于 500 米,农村要小于 2 000 米才可以基本满足覆盖要求。到了 5G 阶段,高频段的无线覆盖和性能的提升必将导致站间距的缩小和基站密度的增加。

(3) 新型组网方式

在 2G 时代基站以"宏基站+天馈线"方式为主,基站建设中,需要建设专用机房和铁塔,以满足设备工作要求和无线信号覆盖要求。到了 3G 时代,逐渐出现了分布式基站,即"BBU+RRU"方式。在 4G 时代,提出了 C-RAN 的组网结构,将BBU 集中设置,对于机房配套资源的需求有所降低。在 5G 时代,由于频段的增高和单个基站能力的增加,要求基站密度大大增加,单个基站需要覆盖的面积不会太大,无线网络扁平化和密集化将会是演进的方向。同时,由于基站设备集成度的提高,小型化、安装灵活成为必然方向。5G 时代将以 C-RAN 的集中化组网方式和基站的小、微化建设为主,以便根据现场实际情况快速、灵活地进行网络建设。

5G CU-DU 架构存在的两种设备型态:CU-DU 合设设备和独立 CU 设备。CU-DU 合设设备一般基于专用芯片采用专用架构实现,可用于 CU/DU 合设方案,同时完成 CU 和 DU 所有的逻辑功能,或在 CU/DU 分离方案中用作 DU,负责完成 DU 的逻辑功能。独立 CU 设备可基于通用架构或专用架构实现,只用于CU/DU 非集中部署方案,DU 物理设备型态为 BBU 设备,其部署位置类似现有的4G BBU 类似,一般部署在接入机房(即站址机房和 4G BBU 共机房),近天面部署。这样做的一个好处为:5G 由于天线数增多、带宽增大,BBU 和 RRU 之间的传输需求大大增加,DU 近天面部署可以减少传输时延和资源需求。

**2. 5G 关键性能指标**

根据 5G 业务目标定义和应用场景,3GPP 对 5G 关键性能指标(Key Performance Indicators,KPI)进行了定义,并提出了明确要求,该 KPI 指标为网络规划确定了目标。表 5.4.1 列出了部分有定义和明确要求的 KPI 指标,定性的指标在表格中没有体现。

表 5.4.1　5G 网络 KPI 指标

| KPI 指标名称 | 指标定义 | 指标要求 |
|---|---|---|
| 峰值速率 | 假定在无差错条件下分配给单个移动基站最高的理论数据速率 | 下行:20 Gbit/s<br>上行:10 Gbit/s |
| 峰值频谱效率 | 单位带宽下无差错条件下分配给单个移动基站的理论数据速率 | 下行:30 bit/s/Hz<br>上行:15 bit/s/Hz |

| KPI 指标名称 | 指标定义 | 指标要求 |
|---|---|---|
| 带宽 | 全系统带宽,可以由单个或多个射频载波组成 | 未定义,由 IMT-2020 需求确定 |
| 控制面时延 | 从空闲状态到数据开始传输的时间 | 10 ms |
| 用户面时延 | 应用层消息通过无线接口从无线协议层 2/3 业务数据单元入口到出口的时间 | uRLLC:上/下行 0.5 ms<br>eMBB:上/下行 4 ms |
| 可靠性 | 可靠性用在一定时延内,传送 x 字节数据的成功率来评估 | uRLLC:1 ms 内传送 32 字节的可靠性为 $1 \sim 10^{-15}$<br>eV2X:$3 \sim 10$ ms 内 300 字节传送的可靠性为 $1 \sim 10^{-5}$ |
| 偶发小分组时延 | 偶发小分组应用层消息通过无线接口从无线协议层 2/3 业务数据单元入口到出口的时间 | 上行:20 字节的传送不差于 10 s |
| 移动中断时间 | 系统支持的在业务进行中用户终端不更改用户面分组的最短时间 | 0 ms |
| 覆盖 | 速率为 160 bit/s 时,设备和基站的上下行最大耦合损失 | 164 DB |
| UE 电池寿命 | 没有充电的情况下,UE 的电池寿命 | mMTC:15 年 |
| 小区/发射点/TRxP 频谱效率 | 所有用户的全部吞吐量 | eMBB:达到 IMT-A 的 3 倍 |
| 区域业务容量 | 某地理业务区域的全部业务吞吐量 | 区域容量(bit/s/m²)= 站点密度(site/m²)×带宽(Hz)×频谱效率(bit/s/Hz/site) |
| 用户体验速率 | 真实网络环境下用户可获得的最低传输速率 | 用户体验速率=5%×用户频谱效率×带宽 |
| 连接密度 | 单位面积内满足 QOS 指标的设备数 | 1 000 000 设备数/平方公里(普通市区) |
| 移动性 | 满足定义的 QOS 时最高用户速度 | 500 km/h |

### 3. 5G 网络规划流程

根据网络规划的工作目标,5G 网络总体规划流程可以分为需求分析、预规划、站址规划、仿真验证、参数规划等阶段。具体流程如图 5.4.1 所示。

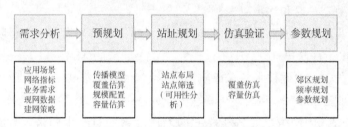

图 5.4.1　5G 无线网络规划流程图

（1）需求分析

需求分析，通过前期资料准备及现场调研阶段分析应用场景，明确网络指标；分析业务需求，获取现网数据，确定建网策略。需求分析的主要内容是进行方案总体策划、对现有资料进行收集、对规划目标进行制定、对相关信息进行调研。

（2）预规划

在预规划工作中，通过进行传播模型校正、覆盖估算、容量估算等工作，主要进行方案规模确定、小区覆盖方向确定以及布点方案的确定。

（3）站址规划

站址规划的工作包括"站点布局"及"站点筛选"，其主要内容是根据布点方案，进行现场选点确认，并根据现场实际情况，对规划方案进行调整。

（4）仿真验证

仿真过程包括"覆盖仿真"及"容量仿真"，主要内容是使用专业的仿真工具，对选点后的规划方案进行仿真，验证方案是否满足规划目标要求。如果满足，可输出方案；如果不满足，则需要调整方案，重新选点确认。

仿真完成后，根据仿真结果进行不达标区域的筛选和重新选址的工作，并再次进行仿真，直到规划方案满足此次规划要求。

（5）参数规划

通过规划工具输出详细参数，主要包括天线高度、方向角、下倾角等小区基本参数、邻区规划参数、频率规划参数和互操作参数等。

# 5.5　5G 网络建设阶段

5G 网络承载的业务将空前的丰富，而且 NFV 和 SDN 技术的发展也将逐步成熟，运营商的自动化运维管理能力也需要进一步的提升。因此，5G 网络的建设不是一蹴而就的简单工程，需要充分考虑现有网络的运维管理能力，实现 5G 网络与现有网络的融合互通和逐步演进。

基于运营商现网特点和发展愿景,5G 网络建设可以分为以下三个阶段。

**1. 5G 试验网阶段**

在该阶段,5G 关键技术尚未成熟,处于探索和验证阶段。此阶段可以以增强的移动宽带业务(eMBB)和大连接物联网业务(mMTC)为切入点,对 5G 关键技术进行探索,完成 5G 网络候选频段的分析验证、无线空口技术的接入方案设计和虚拟化技术的试点验证等工作。5G 网络建设初期网络建设方案如图 5.5.1 所示。

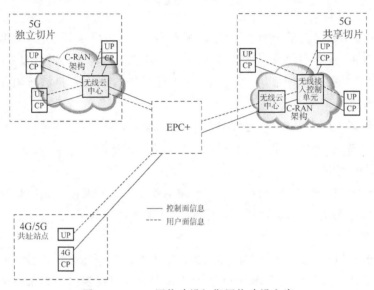

图 5.5.1　5G 网络建设初期网络建设方案

在业务上,可选取 eMBB 和 mMTC 作为 5G 重点应用场景,初步探索核心网 eMBB 切片和 mMTC 切片的部署和运营经验,并为后续全网逐渐展开部署提供渐进的服务模式变革和终端渗透期。

在核心网侧,由于 EPC 网络的持续演进已经具备了支持 eMBB 业务以及 mMTC 业务的能力,并且可以满足初期 5G 网络的运营需求,因此核心网侧将基于 EPC 架构的演进来支持 eMBB 和 mMTC 业务,通过逐步实现虚拟化 EPC 的试点部署,验证该架构下网关控制和转发分离的方案,并探索网络切片,分布式网关和 MEC 功能的部署经验。

在无线侧,5G 无线技术和 LTE 技术将形成优势互补和协同合作,5G 空口将通过紧耦合的方式桥接 LTE,以 LTE 基站作为 5G 基站的锚点,接入 EPC 网络完成 5G 空口的初步应用和变革。在该阶段,控制面信息主要通过 LTE 站点传输,

5G 站点主要提供用户面的容量提升。mMTC 业务的接入主要采取 4G 增强技术，eMBB 业务的接入由 4G 演进网络和 5G 网络共同承担。

在承载网侧，逐步引入 SDN 控制器，并引入分组与光融合，通过 SDN 的统一控制，达到灵活、动态、实时部署业务最优路径，有效降低网络传输时延。同时，为了适配基站之间的数据流量逐渐增加的需求，在接入层开启三层功能以满足基站间协同的需求。

**2. 5G 网络商用建设初期**

在该阶段，低时延、高可靠的 uMTC 业务将逐步发展，原有的 LTE/EPC 系统演进在支持这类应用上存在瓶颈，可在热点地区试点部署 5G 核心网，支持 uMTC 业务，实现 5G 核心网和 vEPC 的统一部署，并完成 5G 网络候选频段的选择和应用。

在业务上，5G 网络将逐步支持 uMTC 业务，为 5G 网络的 eMBB、mMTC、uMTC 三类关键场景提供统一的支持。

在核心网侧，5G 核心网将实现控制面功能的重构、按需 QoS、按需移动性管理等功能，网络切片管理和运营经验逐步成熟，将试点部署 uMTC 切片。

在无线侧，5G 空口将具备基本的独立部署能力，即 5G 基站具备独立接入 5G 核心网、管理用户的能力。LTE（＋）站点也具备接入（v）EPC 的能力。5G 的控制面也可通过 LTE 路径传输，相当于 LTE 站点作为和 5G 核心网连接的锚点，具备接入 5G 核心网的能力。5G 用户面数据既可直接来源于 5G 核心网的承载，也可来源于 LTE＋站点的承载分流。

在移动承载网侧，通过构建网络编排与管理系统针对具体场景需求对承载网络进行分片，从而实现一种面向业务场景按需适配的网络架构，以灵活满足 5G 多样化场景的差异化需求。

**3. 5G 网络商用建设发展期**

在该阶段，扩大 5G 核心网的部署，扩大 5G 基站的投资，进一步开发无线侧 NR 能力，保障所有 5G 需要支持的新型业务类型。

在核心网侧，实现 5G 核心网和 vEPC 的融合部署，通过构建不同形态的网络切片满足不同的业务，用户和第三方的功能要求；支持 WLAN 的接入；开展 5G 网络能力开放平台的试点建设。

在无线侧，已有的 LTE 站点具备接入 5G 核心网的能力，同时需要兼顾已有投资的有效利用，保证已部署的演进的 LTE 站点和 5G 站点能够平滑升级，支持异构组网。

在移动承载网侧,构建统一的城域核心网,实现移动、固定、大客户专线以及数据中心等多业务综合接入,以保证全网资源的最大化整合;同时实现移动、承载、核心网跨域的信息交互,以满足 5G 业务的多样化及动态需求,从而实现网络资源的高效利用。

## 5.6  5G 网络与异系统

### 1. 5G 与现网蜂窝网络的融合

对于现有的 2G/3G/4G 网络,升级的网络和低版本的网络间(如 LTE 和 2G/3G)往往采用互操作的方式,即在一定的网络选择策略下,通过判定 UE 接收的导频功率,选择 UE 接入和服务的网络。这种异制式间互操作的方法无法充分利用运营商已部署的网络资源,也限制了用户可以达到的体验速率。此外,未来几年,LTE 网络仍会是运营商的主要承载接入网,仍会持续演进和扩容。因此,在 5G 时代,多接入制式的融合网络是非常重要的研究方向。

在无线接入侧,实现融合化网络的关键技术是考虑如何将 5G 和 4G 紧密融合,如 5G 和 4G 的紧耦合、双连接甚至载波聚合操作。接入融合一方面可以提升 5G 网络的覆盖和峰值速率等 KPI 指标,另一方面可以尽量减少网络间复杂的互操作流程。

双连接可以支持非理想的回传,适合不同接入技术异站址的场景,但对终端的接收机有要求;载波聚合在 MAC 层聚合用户数据,需要考虑不同接入技术协议 MAC 包的分组和处理,对站间同步和回传网络都有较高要求。无论采用双连接还是载波聚合操作,接入融合可以通过进行控制面和用户面的分离,进而实现控制面的锚点选择,一般选择覆盖范围更大的制式作为控制面锚点,用户面数据可以由多制式承载,实现用户面的多制式融合。

在核心网层面,从数据和控制信息的承载、无线资源分配管理到核心网的计费、鉴权,一体化做到真正的多网络融合。目前,EPC 可以满足 5G 的部分需求,如可以支持 eMBB 业务和 mMTC 业务。EPC 现有的网元可以支持 5G 的早期部署,后续随着 5G 标准的不断完善和新业务的出现,引入 5G 专用的核心网,5G 新核心网和 EPC 进行紧密耦合(例如不同的网络切片由不同的核心网支持),并尽量减少无线接入网和核心网间不必要的接口。

### 2. 5G 与固定网络融合

5G 时代,运营商需要一个统一运营、统一部署和统一操作的网络架构,无线接入网侧、承载网侧、核心网侧充分协同,有效利用网络资源,打破不同专业之间物理资源隔离的现状,改变跨域之间信息无交互的状态,从而实现运营商"云、管、端"全业务的控制与运营。因此,固移融合将成为 5G 网络发展的重要趋势之一。

移动接入和固定接入的相似性使得固网和移动网逐渐趋于融合:移动基站的密度和带宽需求与固定接入网越来越接近,目标接入速率也逐渐趋同;移动和固定接入的站点设置趋同驱动,组网模式光纤化集中式使得移动和固定接入网络在网络架构上趋于一致;移动和固定接入网络共享站址机房、光纤光缆管道资源等,各运营商网络规划中也明确提出将综合业务接入点作为各类业务接入的综合节点。

移动和固定接入在带宽需求、网络架构、基础资源共享等方面的技术发展逐渐趋同。因此,随着 5G 网络的演进,以统一超宽带连接为契机,打破固移网络壁垒,实现固移互相补充以及业务的广覆盖,并采用同一张城域网实现全业务的 IP 化承载,利用 SDN/NFV 技术对统一的物理网络进行切片,从而将多种业务有效耦合在统一的网络资源上,实现移动回传、大客户专线、固定宽带接入以及 DC 互联等业务的综合承载,实现基于 IP/TDM/以太网等多种传送协议的业务的统一承载。同时,利用 SDN 控制器实现对带宽资源的统一调度、业务的灵活配置、各层资源的实时监控、智能化跨层协作、端到端的 OAM 管理,从而最大程度降低成本、优化网络,实现网络资源有效共享。

**3. 5G 与 Wi-Fi 融合组网**

Wi-Fi 技术相对成熟,且具有组网灵活、传输速率高、移动性强、成本低廉等优点。对于运营商来说,在热点区域实现 Wi-Fi 与 5G 融合组网将能对现有蜂窝网起到更有效的分流作用,同时可以大幅提高用户体验,很好地解决 5G 中流量飞速增长和用户体验较差的难题。

移动互联网业务和物联网业务将会是 5G 与 Wi-Fi 融合组网所面临的主要业务。移动互联网业务包括流量类业务和会话类业务,其中流量类业务由于其对用户体验速率的要求极高,将会是 5G 与 Wi-Fi 融合组网面临的巨大挑战。与此同时,交互类业务也在迅猛发展,如手机应用的下载、网络浏览、手机游戏等,快速响应能力是交互类业务最大的挑战,它要求实现对时延无感知的用户体验。

物联网采集类业务在 5G 时代的需求也会是空前巨大的。各节点间连接数量的成倍增长将会是无线通信技术面临的直接挑战。同时,物联网业务还要求其保证高可靠性,对时延敏感类业务甚至要求时延低于毫秒级。

针对这些 5G 与 Wi-Fi 融合组网的主要业务类型,融合组网的应用场景在原来的基础上将会有进一步的扩展,除了在原有的校园、企业、车站等室内环境产生应用场景以外,还将包括密集街区、密集公寓楼、体育场、无线社区、公共交通工具等,并考虑其在此类环境中高密度的使用情况。此外,还将包括室外接入点和终端设备高度密集的复杂环境以及需求高吞吐量的应用场景。5G 与 Wi-Fi 融合组网的场景服务对象也将由个人应用扩展至公众接入,同时会实现对蜂窝网的分流,还会涉及对吞吐量要求较高的应用领域,如超高清视频、远程医疗/手术、车载娱乐和比赛场馆视频拍摄等场景。

移动蜂窝网与 Wi-Fi 融合的方案有两种:以非授权移动接入(Unlicensed Mobile Access,UMA)为代表的 3G 与 Wi-Fi 融合实现方法;基于 3GPP2 的分组数据互通功能(Packet Data Interworking Function,PDIF)固定移动网络实现方案。对于现有 LTE 网络来说,其演进方案可以把分组核心演进(Evolved Packet Core,EPC)通过 S2a/S2b/S2c 接口顺利接入,以此为基础来搭建 Wi-Fi 与 5G 移动通信网络演进的网络融合架构。

在融合机制选择上,需要完成接入认证融合,融合后的 Wi-Fi 认证机制可以为用户提供不一样的接入体验,包括自适应的统一认证接入、无时延的用户感知;让 Wi-Fi 与 small cell 能够实现集成,有利于蜂窝网智能分流。同时,可以使 Wi-Fi 和蜂窝网控制系统完成深度融合,以便对 Wi-Fi 基站和 small cell 进行统一管理,对不同业务实现智能分流。发展 Wi-Fi 终端无缝漫游技术,使 Wi-Fi 和移动通信网能够相互协作,根据不同的业务需求智能地在 5G 和 Wi-Fi 中进行选择,移动终端在移动通信网及 Wi-Fi 间实现无缝漫游,使业务层面的用户体验大幅提高。

根据国内外移动通信网与 Wi-Fi 融合技术的进展与趋势,其中包括空口能力扩展、无感知认证技术、蜂窝网与 Wi-Fi 自适应配置、组网安全、绿色通信、无缝平滑切换、干扰抑制、数据流量动态均衡、鉴权、认证与计费机制等发展路径,选择适合网络现状和发展需求的方案,建设 5G 与 Wi-Fi 融合通信网络,实现未来移动通信技术发展的需求。

# 参 考 文 献

[1] 3GPP. Publication of the first 5G new radio pecifications[S/OL]. (2017-06).
  http://www.3gpp.org.

[2] Cisco. CiscoVisual Networking Index: Forecast and Methodology 2017-2022[S].
  2018. http://www.cisco.com.

[3] 3GPP. TS23.501. System Architecture for the 5G System; Stage 2[S]. 2018.

[4] 3GPP. TS23.502. Procedures for the 5G System[S]. 2015.

[5] 3GPP. TR23.799. Study on Architecture for NextGeneration System[S]. 2015.

[6] 3GPP. TR38.801. Study on New Radio Access Technology: Radio Access
  Architecture and Interfaces[S]. 2015.

[7] 3GPP. TR22.891. Feasibility Study on New Services and Markets Technology
  Enablers[S]. 2016.

[8] 3GPP. TR38.913. Study on Scenarios and Requirements for Next Generation Access
  Technologies[S]. 2017.

[9] 3GPP. TS38.401. NG-RAN; Architecture description[S]. 2018.

[10] 3GPP. TS23.501. System Architecture for the 5G System[S]. 2018.

[11] 3GPP. TS38.001. Study on new radio access technology: Radio access architecture
  and interfaces[S]. 2017.

[12] 3GPP. TS32.867. Study on management enhancement of Control and User
  Plane Split(CUPS)of Evolved Packet Core(EPC)nodes[S]. 2018.

[13] 3GPP. TS38.201. Physical layer; General description[S]. 2018.

[14] 3GPP. TS38.211. Physical channels and modulation[S]. 2018.

[15] 3GPP. TS38.104. Base Station(BS)radio transmission and reception[S]. 2018.

[16] 史治平. 5G 先进信道编码技术[M]. 北京:人民邮电出版社. 2017.

[17] 杨峰义,张建敏,王海宁,等. 5G 网络架构[M]. 北京:电子工业出版社. 2017.

[18] 杨峰义,谢伟良,张建敏,等. 5G 无线网络及关键技术[M]. 北京:人民邮电
  出版社. 2017.

[19] 陈鹏,刘洋,赵嵩,等.5G:关键技术与系统演进[M].北京:机械工业出版社.2016.

[20] IMI-2020(5G)推进组.5G 概念白皮书[S].2015.

[21] IMI-2020(5G)推进组.5G 愿景与需求[S].2015.

[22] IMI-2020(5G)推进组.5G 网络架构设计白皮书[S].2016.

[23] 中国移动通信有限公司研究院.迈向 5GC-RAN:需求、架构与挑战白皮书[S].2016.

[24] 中国移动通信有限公司研究院.5G C-RAN 无线云网络总体技术报告[S].2017.

[25] 中国移动通信有限公司研究院.下一代前传网络接口(NGFI)白皮书[S].2015.

[26] 中国联合网络通信集团有限公司.中国联通 5G 网络演进白皮书[S].2016.

[27] 中国电信集团有限公司.中国电信 5G 技术白皮书[S].2018 年 6 月.

[28] 李芃芃,郑娜,亢沛川.全球 5G 频谱研究概述及启迪[J].电讯技术.2017(6):734-740.

[29] 刘明,张治中,程方.5G 与 Wi-Fi 融合组网需求分析及关键技术研究[J].电信科学 2014(8):99-105.

[30] 张建敏,谢伟良,杨峰义.5G 超密集组网网络架构及实现[J].电信科学.2016(6):36-43.

[31] 张平,陶运铮,张治.5G 若干关键技术评述[J].通信学报.2016.7:15-29.

[32] 尤肖虎,潘志文,高西奇,等.5G 移动通信发展趋势与若干关键技术[J].中国科学:信息科学,2014(5):551-563.

[33] 许阳,高功应,王磊.5G 移动网络切片技术浅析[J].邮电设计技术.2016(7):19-22.

[34] 月球,肖子玉,杨小乐.未来 5G 网络切片技术关键问题分析[J].电信工程技术与标准化.2017(5):45-50.

[35] 李子姝,谢人超,孙礼,等.移动边缘计算综述[J].电信科学.2018(1):87-101.

[36] 聂磊.5G 无线网络规划设计工作需满足四大要求[J].通信世界.2016(33):41-42.

[37] 董江波,刘玮,任冶冰,等.5G 网络技术特点分析及无线网络规划思考[J].电信工程技术与标准化,2017,30(1):38-41.

[38] 闫渊,陈卓.5G 中 CU-DU 架构、设备实现及应用探讨[J].移动通信,2018,42(1):27-32.

[39]　杨骅.全球 5G 标准、频谱规划与产业发展素描[J].中国工业和信息化，2018,No.1(05):26-35.

[40]　郭琦.超密集组网的关键技术研究[J].电子世界.2018(16):147-148.

[41]　王威丽,何小强,唐伦.5G 网络人工智能化的基本框架和关键技术[J].中心通讯技术.2018(4):38-42.

[42]　谢德胜,柴蓉,黄蕾蕾,等.面向 5G 新空口技术的 Polar 码标准化研究进展[J].电信科学,2018(8):62-75.

[43]　孙韶辉,高秋彬,杜滢,等.第 5 代移动通信系统的设计与标准化进展[J].北京邮电大学学报,2018,41(05):30-47.

[44]　劳兴松,李思敏,唐智灵.大规模 MIMO 系统的贝叶斯匹配追踪信道估计算法[J].广西科技大学学报,2017(2):8-16.

[45]　张臻.大规模天线在 5G 通信网络中的应用[J].电信快报,2018,567(09):13-15.

[46]　刘爽,吴韶波.V2X 车联网关键技术及应用[J].物联网技术,2018,8(10):45-46＋49.

[47]　江巧捷,于佳.LTE-NR 双连接关键技术及应用[J].移动通信,2018,42(10):38-43.

[48]　于黎明,赵峰.中国联通 5G 无线网演进策略研究[J].移动通信,2017(18):54-59.

[49]　谭华,林克.物联网热点技术及应用发展分析[J].移动通信,2016,40(17):64-69.

[50]　王敬.移动互联网技术的发展趋势和热点业务[J].通讯世界,2016(23):15-16.

[51]　孟猛,朱庆华.移动社交媒体用户持续使用行为研究[J].现代情报,2018,38(01):5-18.

[52]　郑巍,张紫枫,潘浩.移动社交网络的多重分形影响因素分析[J/OL].计算机工程.https://doi.org/10.19678/j.issn.1000-3428.0052257.

[53]　齐琦.社交阅读的特点与编辑思维的转变[J].出版广角,2018,324(18):85-87.

[54]　张凤霞.我国移动阅读发展浅析[J].出版广角,2018(1):39-41.